행성운동과
*케플러

Johannes Kepler and the New Astronomy
by James R. Voelkel
Copyright ⓒ 1999 by James R. Voelkel
All rights reserved.

Korean Translation Copyright ⓒ 2006 by Bada Publishing Co.

This translation of Johannes Kepler and the New Astronomy
originally published in English in 1999
is published by arrangement with Oxford University Press, Inc.

이 책의 한국어판 저작권은 Oxford University Press, Inc.사와의
독점 계약으로 바다출판사에 있습니다.
저작권법에 의해 한국 내에서 보호를 받는 저작물이므로
무단전재와 무단복제를 금합니다.

행성운동과
*케플러

제임스 R. 뵐켈 지음 ● 박영준 옮김

바다출판사

차례

1 신학을 공부하고 싶었던 천문학자 10

케플러는 할아버지 세발트의 집에서 7남매 중 첫째로 태어났다. 아버지는 케플러가 열여섯 살 되던 해에 행방불명되었고 다시는 돌아오지 않았다.

케플러가 살던 바일 시는 조그마한 제국의 자유도시였다. 당시는 구교와 신교의 대립이 막 시작되던 때였다. 마르틴 루터가 종교 개혁을 선언한 지 50년밖에 지나지 않았고, 천 년 넘게 기독교를 떠받쳐 오던 가톨릭교회에 맞선 반대 세력들이 차츰 세력을 키워 갔다.

튀빙겐 신학교에 진학한 케플러는 고급 신학 과정을 이수할 생각이었다. 모든 교육을 마치고 나면 그는 교회에서 봉직할 수 있었다. 그러나 그것은 오래오래 그의 원대한 포부로 남게 된다. 신학 공부가 막바지에 이르렀을 때, 그는 수학 교사 자리를 추천받았던 것이다. 케플러는 심한 번민에 휩싸였으나, 나중을 기약하고 일단은 그 자리를 수락한다.

2 우주의 비밀을 파헤치다 38

케플러 시절에는 점성술과 천문학은 한 몸이나 마찬가지였다. 케플러는 혹한이 찾아들 거라는 1595년 점성술의 정확한 예측으로 단번에 성공길에 오른다. 그는 성공적인 점성술 덕에 자신의 교사 봉급 7주치에 해당하는 상여금을 받았다. 이것은 케플러에게 꽤 쏠쏠한 수입원이 되어 주었다.

당시는 지구가 우주의 중심이고 태양이 지구 주위를 돈다는

행성운동과 케플러

천동설이 인기를 끌었으나, 케플러는 궁금증이 발동했다. 행성들은 왜 특정한 주기로 공전하는가? 그는 행성의 공전 주기는 태양과 행성의 거리와 관련이 있다는 물리학적 직관에 근거해 수학 공식을 세우려 했다. 그는 이 발견을 근거로 『우주의 신비』를 발간했고, 이 책을 당시 제국 수학자이던 티코 브라헤에게 보냈다. 티코는 책을 받아 본 후 케플러를 만나고 싶어 했다. 이 소식을 접한 케플러는 개신교의 탄압을 피해 서둘러 티코가 있는 프라하로 향한다.

3 새로운 천문학의 시대 74

케플러와 티코의 만남은 천문학의 역사를 바꿀 운명적인 만남이었다. 두 사람은 스승과 제자 사이로 만났지만, 티코가 죽은 후 케플러는 제국 수학자 자리를 이어받았다. 화성에 대한 연구에 전념할 것을 기약하고 케플러는 잠시 집에 내려와 있게 되었다. 그러나 페르디난트 대공은 천여 명이 넘는 시민들을 한 명씩 불러내 신앙 고백을 하게 했다. 드디어 케플러 차례가 왔을 때, 케플러는 자신은 루터파 신자이며 가톨릭으로 개종할 생각이 없다는 뜻을 밝혔다. 곧 그의 이름이 추방자 명단에 올랐다. 총 61명 중 15번째였다. 그는 망설일 이유 없이 다시 티코가 있는 프라하로 돌아왔다.

4 『우주의 조화』 126

케플러를 제국 수학자로 임명했던 루돌프 2세가 권좌에서

차례

쫓겨나고, 동생 마티아스가 새 황제의 자리에 올랐다. 그럼으로써 그가 열정을 바쳐 독창적인 연구를 수행했던 제국의 학계 역시 전쟁의 참화에 휩싸였고, 그는 프라하를 떠났다. 설상가상으로 그는 아내마저 열병으로 잃었다.

케플러는 25년 동안이나 태양과 행성 간의 평균 거리와 그 궤도 주기 사이에 놓인 수학적 관계가 신의 조화에 의해 생겼을 거라는 사실을 밝혀내고 싶어 했다. 마침내 그는 "태양으로부터 행성의 평균 거리의 세제곱은 행성의 공전 주기의 제곱에 비례한다"는 사실을 알아냈다. 이것이 바로 케플러의 행성운동 제3법칙이다. 그는 이 미스터리를 밝힘으로써 평생 최고의 업적이 된 저서 『우주의 조화』를 마칠 수 있었다.

5 마녀 재판이 시작되다 156

성난 개신교도들이 프라하 황공 회의실을 덮쳐 가톨릭 관료 두 명을 창밖으로 던져 버린 사건이 발생했다. 이것이 유명한 '프라하 창밖 투척 사건'으로 30년 전쟁의 시작이었다. 독일을 중심으로 유럽의 여러 나라 사이에서 일어난 종교 전쟁이었으며, 독일은 옛 영광을 잃고 빈껍데기 신세로 전락했다.

전쟁의 소용돌이 속에서 케플러는 끝까지 개신교로 남았다. 문제는 케플러 자신보다 어머니가 마녀로 몰린 사건이었다. 그녀가 이웃집 여인의 아픈 과거를 잘못 건드린 막내아들을 두둔한 것에서부터 사건은 시작되었다. 곧 그 여인은 케플러의 어머니 카타리나가 지은 약을 먹고 나서 탈이 났다며 그녀에게 마녀의 해독제를 내놓으라고 했다. 이 어이없는 사건은

행성운동과 케플러

카타리나에게 불리하게 돌아갔고, 결국 그녀는 마녀 재판을 받아야 했다. 어머니의 재판 소식을 듣자마자 케플러는 변호사를 고용해 어머니에게서 헛소문을 떨쳐 내려 노력했지만 허사였다. 이 고통을 겪은 후 어머니는 마녀 재판의 후유증으로 세상을 떠난다.

세 황제를 모신 제국 수학자 188 6

케플러는 황제의 영광을 기리는 뜻으로 『루돌프표』라 명명한, 방대한 천문학표를 편찬했다. 황제는 『루돌프표』 출간에 만족감을 표시하며, 25년간 애쓴 대가로 제국 수학자 10년치 봉급에 해당하는 하사금을 내렸다. 그러나 황제는 한 가지 조건을 달았다. 앞으로 자기 영토에서 일하려면 가톨릭으로 개종해야 한다는 조건이었으며, 예수회 소속에게 케플러의 개종 임무를 맡겼다. 그러나 케플러는 끝까지 황제의 뜻을 따르지 않았다.

케플러는 차가운 바람을 맞으며 여행한 것이 화근이 되어 1630년 숨을 거두었다. 그의 무덤은 종교 전쟁 통에 흔적도 없이 사라져, 지금은 그의 친구가 남긴 묘비석의 스케치만이 전해져 온다.

케플러는 행성의 운동을

설명하기 위해 온갖 종류의 모델을 만들고,
길고 복잡한 계산을 이용해 그 모델을 확인하는 데 5년을 매달렸다.
코페르니쿠스가 행성 궤도의 중심 가까이에
태양을 놓는 것에 그쳤다면 케플러에 이르러서야 비로소
태양이야말로 행성운동의 동력원임이 밝혀졌다.

1
신학을 공부하고 싶었던 천문학자

1577년 혜성을 묘사한 당시의 목판화. 그림 전경에 혜성을 스케치하고 있는 미술가 자신의 모습이 보인다. 조수가 등불을 들어 미술가의 작업을 돕고 있다.

1577년은 유사 이래 가장 웅장한 혜성 중 하나가 하늘을 수놓은 은혜로운 해였다. 그 어떤 별보다 화려하게 빛나는 머리에 보름달 지름의 50배에 달하는 꼬리를 달고 위풍당당하게 하늘을 가로지르는 혜성의 모습은 전 유럽인들의 마음을 사로잡은 화젯거리였다.

뷔르템베르크 공작령 남부 독일의 어느 외딴 곳, 그 장관을 보고자 카타리나 케플러는 다섯 살 난 아들 요하네스를 데리고 레온베르크 마을을 굽어보는 언덕에 올랐다. 그러나 케플러는 약한 시력 탓에 새벽녘 혜성의 모습을 흐릿하게만 볼 수 있었을 뿐이고, 혜성은 그에게 별다른 인상을 남기지 못했다. 그러나 자상한 어머니의 모습은 그와는 정반대로 가혹하고 힘들었던 어린 시절 속에서도 항상 추억거리로 남았다.

같은 시각 북쪽 멀리 덴마크 남부에 위치한 섬에서는 한 귀족 청년이 자기 소유의 섬에다 세계 최대의 천문대를 세우면서 밤마다 틈틈이 혜성을 관측하고 있었다.

혜성은 예고 없이 불쑥 출현했지만 다른 한편 그것은 우리 자연계의 가장 규칙적이고도 지속적인 특징이었다. 그런 점에서 당시 사람들은 혜성을 운명의 전조, 즉 변화가 임박했음을 알리는 신호로 받아들였다. 사람들은 신호가 거대할수록 일어날 사건도 그만큼 심각하다고 생각했다. 말하자면 어마어마하게 큰 변화가 일어날 참이었다.

아마도 이 혜성은 투르크 황제인 술탄의 죽음을 예고하

는 것은 아닐까? 어쩌면 예수 그리스도의 재림이 가까워 졌음을 예고하는 것은 아닐까?

두려운 마음에 사람들은 밤중에 떼 지어 몰려나와 그 무시무시한 혜성을 넋을 잃고 올려다보았고, 일단의 과학자들은 곳곳에서 혜성을 주도면밀하게 관측했다. 그와 같은 관측은 마침내 사상적 혁명으로까지 이어졌다.

과학혁명의 먼동이 터 오고 있었다. 그리고 언덕에 서서 하품하던 어린 소년은 과학혁명을 불러일으킨 위대한 사상가 중 한 명으로 자라났다.

할아버지의 집에서 태어난 케플러

요하네스 케플러는 1572년 12월 27일 오후 2시 30분, 바일 시에 있는 작지만 안락한 할아버지 세발트의 집에서 태어났다. 케플러 부부의 첫 아이였다. 아버지 하인리히는 그때까지도 부모님과 함께 살고 있었다. 케플러가는 한때 어엿한 귀족 집안이었으나 이제 가세가 기울어 있었다.

몇 세대를 거슬러 올라가 1433년, 케플러의 5대조 할아버지는 용맹한 군인으로 인정받아 지기스문트 황제에게 기사 작위를 받았다. 그러나 그 후 서서히 내리막길을 걷기 시작한 케플러가는 귀족 계급에서 추락해 제국 관료를 거쳐, 장인 계급으로 주저앉아 작고 조용한 바일 시로 이주했다.

그렇지만 케플러 집안사람들은 여전히 가문의 옛 영화

를 잊지 않았다. 그들은 가문의 문장을 보관했으며 샤를 5세와 그 후대 황제 치하에서 케플러의 조부와 증조부가 세운 무훈담을 이야기했다.

비록 예전 같은 영화를 누리지는 못했지만 바일 시에서 케플러가의 생활은 제법 괜찮은 편이었다. 할아버지 세발트는 통통하고 혈색 좋은 얼굴에 근사하게 턱수염을 기르고 옷차림도 번듯했다. 그는 케플러가 태어날 당시 재임 10년차를 맞는 바일 시의 신망 받는 시장으로 재직하고 있었다.

세발트의 시장 당선은 케플러가가 바일 시의 소수 개신교 공동체에 합류한 후 그가 지역 유력 인사로 통했다는 사실을 반증한다. 세발트는 협상가라기보다는 독재자에 가까운 인물이었지만, 그는 사리가 분명한 사람이었으므로 지역민들에게는 믿음직한 시장으로 받아들여졌다. 그러나 어린 요하네스 케플러 눈에 비친 할아버지 세발트는 고집 세고 성미 급한 인물이었다.

케플러는 집안의 가장이었던 할아버지 세발트를 가장 이상적인 아버지상으로 삼아야 했을 것이다. 내내 내리막길을 걷던 케플러가의 집안 사정은, 세발트의 넷째 아들이자 케플러의 아버지인 하인리히로 말미암아 최악에 이른다. 하인리히는 무지막지하고 배운 것 없는 인물이었다. 그는 케플러의 어린 시절 내내 집을 비우다시피 했다.

아버지의 행방불명

케플러는 아버지에 대해 다음과 같이 기록하고 있다. "아버지가 모든 것을 망쳐 놓으셨다. 일만 만드셨으며 인정이 없었고 싸움질을 일삼으셨다." 황제의 군인으로 이름을 떨치던 케플러가에서 집안 내력이던 무인 기질이 하인리히에게는 넘쳐흐르는 것 같았다.

아버지 집의 좁디좁은 방구석을 못 견뎌 하던 하인리히는 세 살도 채 안 된 아들을 남겨 두고 모험을 찾아 홀란트에서 벌어진 전투에 용병으로 참전했다. 케플러의 유년 시절은 늘 그런 식이었다. 아버지는 잠시 집에 돌아왔다가도 전쟁터의 유혹을 뿌리치지 못하고 다시 집을 떠났다. 집에 머문다 해도 그는 거칠고 사납게 성깔을 부렸다.

마침내 1588년, 케플러가 열여섯 살 되던 해 집을 떠난 하인리히는 다시는 돌아오지 않았다. 나폴리 왕국의 해군 장교로 참전했다 집으로 돌아오는 길에 아우크스부르크에서 사라졌다는 소문이 있지만 확실한 내막은 알려지지 않았다.

케플러는 주로 어머니 카타리나의 손에서 자랐다. 그녀는 엘팅겐 마을 촌장이자 여관집 주인이던 멜치오르 굴덴만의 딸이었다. 케플러는 여러모로 어머니를 쏙 빼닮았다. 어머니를 닮아 그 역시 작지만 야무졌고 그리고 비관적이었다. 어머니나 아들 모두 캐묻기 좋아하고 궁금한 것은 참지 못하는 성격이었다.

케플러의 어머니는 정식으로 학교를 다닌 적은 없었지만 약초가 지닌 치유력과 손수 지어서 쓰는 물약에 관심이 많았다. 소일거리 삼아 한 일이 몹시 불행한 사태로 이어져 노년에는 마녀 재판장에 서기도 했다.

카타리나 케플러는 유별나고 모난 성격 탓에 환영 받지 못한 인물이었던 것은 분명하다. 그녀의 예리한 감각은 상대방에 대한 공격으로 돌변하기 일쑤였다. 케플러 자신도 묘사했듯이 그의 어머니는 "독설가였고 싸움을 마다하지 않은 데다 만만한 성격의 소유자가 아니었다."

난폭한 아버지와 드센 어머니, 그 둘의 관계는 불만 붙었다 하면 터지는 폭탄 같았다. 따라서 아버지 하인리히가 전쟁터든 어디든 집을 비우지 않는 한 집안에는 견디기 힘든 분위기가 감돌았을 것이다.

훗날 케플러가 점성술의 원리를 이용해 자신이 수태되었을 시각을 계산해 본 결과, 그 시각은 1571년 5월 17일 새벽 4시 37분이었다. 케플러는 부모가 5월 15일에 결혼했다는 사실은 무시한 채 자신이 작고 병약한 것은 '칠삭둥이' 미숙아로 태어났기 때문이라고 생각했다.

케플러의 생각대로라면 뜻하지 않은 임신과 결혼을 상상하는 것만으로도 부부의 생활이 얼마나 불행했을지는 그림처럼 눈에 선하게 그려진다.

점성술

별의 빛이나 위치, 운행 따위를 보고 개인과 국가의 길흉을 점치는 복술(卜術). 바빌론과 고대 중국 인도 등지에서 발달하여 천문학에 이바지하였고, 서양에서는 중세에 크게 성행하였다. 17세기 이전까지 점성술(Astrology)과 천문학(Astronomy)은 같은 것으로, 천문학자가 곧 점성가였고 점성가가 곧 천문학자였다. 차이라면 천문학은 더 과학적이고 점성술은 더 철학적이란 것뿐이었다.

개신교와 가톨릭이 공존하는 도시에서 성장하다

케플러는 카타리나가 낳은 일곱 자녀 중 첫째였다. 그중 넷만이 어른으로 성장했다. 16세기의 영아 사망률을 감안하면 특이한 일도 아니었다.

아버지의 이름을 물려받은 두 살 터울 남동생 하인리히는 이름값을 하려 했는지 역마살 낀 불우한 인생을 살았다. 그의 삶은 강도, 폭력, 사고 등 목숨을 잃을 뻔한 일들이 줄줄이 이어진 불행의 연속이었다.

케플러의 다른 형제들은 모험과는 거리가 먼 조용하고 평범한 인생을 살았다. 여동생 마르가레테는 성직자와 결혼했고 막내 크리스토프는 집안 선조들이 그러했듯 장인 계급에 들어가 착실한 양철공으로 일했다.

바일 시는 200명 남짓한 시민들과 그 가족들이 사는 소규모 도시였지만 제국의 자유도시였다. 바일 시가 제국의 자유도시라는 의미는 비록 이곳이 뷔르템베르크 공작령 영토로 둘러싸여 있지만 신성로마제국의 독일 영토에 얼기설기 흩어져 있던 공작령, 제후령, 주교령과 도시들 어디에도 속하지 않은 독립적인 일원이었다는 뜻이다. 신성로마제국은 독일과 오스트리아 전역은 물론 동으로는 보헤미아(오늘날 체코 공화국) 서로는 홀란트와 프랑스 일부 지역을 아울렀다.

당시 신성로마제국 황제 루돌프 2세는 멀리 보헤미아의 프라하에서 제국을 다스리고 있었다. 제국의 자유도시인

신성로마제국
962년 독일의 오토 1세가 로마 교황으로부터 대관을 받은 때부터 1806년 프란츠 2세가 나폴레옹에 패하여 제위에서 물러날 때까지의 독일 제국의 정식 명칭.

루돌프 2세(1552~1612)
신성로마제국의 황제. 신교를 탄압하고 반란을 유발하여 30년 전쟁의 원인을 제공하였다. 그의 정치적 무능에 불만을 품은 제후들이 동생 마티아스를 지지하여 결국 마티아스에게 굴복하였다. 재위 기간은 1576~1612년이다.

바일 시는 오직 황제에게만 충성할 것을 맹세하고, 제국 내 실력가들의 전체 정기 회의인 제국의회에 자기 지역 대표를 파견했다.

뿐만 아니라 이곳을 둘러싸고 있는 뷔르템베르크 주가 호전적인 개신교 지역이었음에도 불구하고 바일 시에서는 역사와 상황을 고려해 개신교와 가톨릭 양측의 신앙생활을 모두 허용했다.

당시 독일에서 신앙 문제는 격렬한 논쟁거리였고 그것은 케플러의 인생에서도 현실적으로나 지적으로 또는 영적으로 무엇보다 중요한 문제였다.

불안한 자유도시의 개신교도들

마르틴 루터

(1483~1546)

독일의 종교 개혁자·신학 교수. 1517년에 로마 교황청이 면죄부를 마구 파는 데에 격분하여 이에 대한 항의서 95개조를 발표하여 파문을 당하였으나, 이에 굴복하지 않고 종교 개혁의 계기를 마련하였다. 1522년 비텐베르크 성에서 성경을 독일어로 완역하여 신교의 한 파를 창설하였다.

케플러의 인생에 상처와 오점으로 남는 신앙 고백과 관련된 투쟁은 케플러가 태어나기 전부터 이미 50년 세월을 넘긴 해묵은 문제였다. 1517년 마르틴 루터가 가톨릭교회와 인연을 끊고, 오직 신앙만이 우리를 신 앞에서 의롭게 하며 성서는 우리 스스로가 읽어야 한다고 선언함으로써 한동안 전 유럽이 일대 혼란에 휩싸였다.

당시 서유럽에서 사실상 독보적인 지위를 누리던 가톨릭교회 개혁의 필요성은 특히 북유럽 사람들을 비롯해 많은 사람들이 절감하던 바였다. 그러나 정치적 변수가 개입함으로 말미암아 상황은 더욱 복잡해졌다.

알프스 산맥 너머 로마에 세력의 근거지를 둔 가톨릭교

1517년 마르틴 루터는 가톨릭교회와 결별했다. 그 결과 일어난 종교적 격변은 케플러의 사상에 커다란 영향을 미쳤다.

회는 경제적으로나 정치적으로나 강대한 조직이었다. 가톨릭교회에 묶인 지역의 자산을 손아귀에 넣으면 그 정치적 영향력에서 벗어날 수 있을 거라 여긴 많은 군소 군주와 제후들이 개신교도의 노선에 동참했다. 반면, 천년도 넘게 기독교를 떠받쳐 온 가톨릭교회에 대해 진심 어린 충성심을 품은 이들도 많았다.

통일 국가를 이루지 못하고 정치적으로 조각나 있던 독일은 종교적·정치적 격변에 전 지역이 휩쓸려 들어갔다. 마침내 질서 회복을 위한 노력으로 1555년 아우크스부르크 화의에 이르러, 신교와 구교 중 어느 쪽을 믿을지는 영지를 다스리는 그 지역의 지도자의 선택에 맡기기로 했다.

그러나 바일 시를 비롯해 제국의 자유도시들은 예외였다. 예전부터 신·구교 양측이 신앙생활을 해 왔다면 계속 그렇게 해도 되었다. 그런데 바일 시의 사정은 그리 간단치가 않았다. 바일 시 전체를 에워싼 뷔르템베르크 공작령의 영주가 개신교의 중요하고도 강력한 후원자였기 때문이다. 따라서 케플러 일가는 개신교 공작령에 둘러싸인 자유도시에서도 소수에 불과한 개신교도의 일원이라는 애매한 처지였다.

국가고시에 합격해 신학교에 진학하다

종교 문제는 케플러의 교육에 큰 영향을 주었다. 동기들 가운데 대학 교육을 마칠 수 있었던 이는 케플러뿐이었다.

아우크스부르크 화의
종교 전쟁의 결과로 1555년 9월 25일에 아우크스부르크에서 열린 독일 제국 의회의 결의. 이 결의에 의하여 루터파의 신앙은 가톨릭 신앙과의 동등권이 인정되고, 제후와 도시의 신앙 선택권이 승인됨으로써 루터파의 제후와 도시는 가톨릭파 주교의 지배에서 벗어나게 되었다.

그의 부모는 1577년 가족들을 데리고 바일 시를 떠나 근처 레온베르크 마을로 이사한다. 당시 다섯 살이던 케플러는 비로소 배움의 길에 첫발을 내디던 것이다. 자유도시 바일과 달리 레온베르크는 뷔르템베르크 공작령의 일부였고 따라서 그곳에서 케플러는 공작이 자신의 신민들을 위해 마련한 훌륭한 교육 제도의 혜택을 누릴 수 있었다.

케플러는 일반 독일어 학교에 입학했지만 얼마 안 있어 라틴어 학교로 전학했다. 라틴어 학교는 독일어 학교와 같은 체제를 택했지만, 대학 진학을 목표로 설립한 교육 기관이었다. 독일어 학교에서는 학생들에게 일상생활에 필요한 독일어만 가르친 반면 라틴어 학교에서는 학자들 사이의 국제 공용어였던 라틴어의 읽기와 쓰기를 가르쳤다. 실제로 학생들은 대화도 오로지 라틴어로만 해야 했다.

전 유럽에 걸쳐 모든 대학, 모든 과목의 교재가 라틴어로 씌어졌고 본격적인 학문도 라틴어로 이루어졌다. 대학의 강의와 토론도 라틴어로 진행됐다.

케플러가 받은 교육은 한 가지 묘한 결과를 낳았다. 그는 우아한 라틴어 문체를 구사했지만 반대로 자신의 모국어 쓰기 교육은 한 번도 받은 적이 없었던 것이다. 그는 자신의 모든 주요 저작을 라틴어로 작성했고, 심지어 같은 독일인을 상대로 쓰는 편지도 라틴어로 썼다.

그러나 케플러가 상급 학교를 순탄하게 진학한 것은 결코 아니었다. 가족이 다시 이사해 엘멘딩겐에서 살던 시절 그는 잠시 학업을 중단해야 했다. 그것으로도 모자라 여덟 살 때인 1580년부터 열 살이 되는 해인 1582년 사이에는 부모 손에 이끌려 고된 농사일을 거들어야 했다. 작고 약한 어린아이에게 밭일은 맞지 않았다. 아이를 다시 학교에 보내기로 결정한 것은 부모에게나 아이에게나 모두 다행스러운 일이었다.

케플러는 국가고시에 합격해 1584년 10월 16일 아델베르크에 있는 중등 신학교에 입학 허가를 받음으로써 진로를 더욱 확고히 했다. 중등 신학교는 첫 번째 계단이었고 남은 한 계단만 더 오르면 대학 입학으로 이어졌다. 그리고 그는 잘해 냈다. 2년 후 그는 마울브론에 있는, 과거 시토 수도원이던 고등 신학교에 진학했다.

당돌하고 신앙심 깊은 아이

작고 병약한 자기 자신 때문이었는지 아니면 어린 시절 겪은 불우한 분위기에서 벗어나고 싶었기 때문이었는지 그 이유는 알 수 없지만 케플러는 지적으로 까다로운 문제를 풀기 좋아했고 학교 생활도 잘해 나갔다.

그는 시와 운율에 흥미를 느꼈고 까다로운 고전 양식으로 시 짓기를 좋아했다. 재담과 수수께끼도 즐겼는데, 그의 시에는 철자 뒤바꾸기(철자를 재조립해 다른 단어나 구절로 짜 맞추기)와 이합체시(위에서 아래 방향으로 각 행의 첫 문자를 읽으면 새로운 단어나 구절을 이룸) 같은 교묘한 눈속임이 숨어 있는 경우가 많았다. 암기력 훈련을 위해 케플러는 〈시편〉 중 가장 긴 시가를 암기하기도 했다.

어머니와 마찬가지로 케플러 역시 다방면에 호기심을 보였다. 그 때문이었는지 그는 하나의 생각을 채 마무리 짓기도 전에 다른 생각으로 건너뛰기 일쑤였다. 그 바람에 그의 글은 온통 주제에서 벗어나 있었다. 케플러는 순발력 넘치는 사고와 더불어 이 생각에서 저 생각으로 건너뛰는 습관을 한평생 버리지 못했다.

게다가 피는 못 속인다고 케플러는 아버지에게서 물려받은 폭력적인 싸움꾼 기질도 적지 않게 드러내곤 했다. 그는 무서울 정도로 승부욕을 보였다. 그는 학교에서 '적군' 명단을 작성했는데(중요한 것은 아군 명단은 작성하지 않았다는 점이다) 명단에 오른 대부분은 그와 순위권 경쟁을 벌이던 같은 반 학우들이었다. 명단을 붙여 놓고는 의욕이 앞선 나머지 종종 주먹다짐을 벌이곤 했다. 많은 경우 화해로 끝을 맺기는 했지만 그것도 오로지, 적수들이 케플러의 학문적 우월성에 대해 도전하기를 그만두었을 때에나 가능한 일이었다.

이처럼 가끔 당돌한 면이 있기는 했어도 케플러는 신앙심이 깊고 진지한 학생이었다. 어렸을 적에도 그는 열성적으로 신앙 공부를 했다. 그는 가르치는 대로만 배우려 하지 않았다. 항상 스스로 이해하고 터득할 수 있어야 했다. 따라서 어느 특정 교파를 깎아내리는 설교를 들으면 그냥 지나치는 법 없이 반드시 뒤이어 꼬치꼬치 따져 묻고 설교 내용을 『성서』의 말씀과 비교해 자기 자신만의 결론을 내렸다.

교회의 정통 교리를 받아들이지 않는 사람들을 이단아로 내몰아 '참된 신자'와 갈라놓고자 했던 독단적 교리에는 교활한 구석이 많았다. 그 사이에는 열의에 불타는 젊은 목사들이 배치됐다. 그들은 강의와 설교에서 다른 신앙을 지닌 자들을 향해 맹공을 퍼부었다. 그와 같은 불화는 가톨릭과 개신교 간에만 존재했던 것은 아니다. 주로 루터파와 칼뱅파 사이에서 두드러지기는 했지만, 다양한 개신교 교파들 간에도 존재했고 그 정도는 훨씬 더 심각했다.

케플러는 진리란 각 교파가 한 자리씩 차지한 수많은 꼭짓점들 사이 어디쯤엔가 존재한다고 생각했다. 그리고 그는 아무리 '이단적인' 교리라 할지라도 진리의 일부를 반영하고 있음을 인정했다. 서로 맞부딪히는 신학적 해석 사이에서 긍정적인 측면을 선뜻 인정하는 모습을 보건대, 케플러는 진실한 신앙과 선량한 천성을 지닌 사람이었다.

미심쩍은 신앙과 이단에 대한 케플러의 탐구를 그의 스승은 관대하게 묵인해 주었다. 스승은 제자의 진심을 알고 있었다. 그러나 케플러는 세상살이를 통해, 아무리 성실한 믿음과 이성적인 대화라 할지라도 기독교 교파 간에 상호 이해를 이끌어 내기에는 역부족이라는 사실을 깨달았다.

튀빙겐 프로테스탄트 연구소(슈티프트) 장학생이 되다

1588년 9월 25일 튀빙겐 대학 학사 학위 시험에 합격함

루터파
교황의 면죄부 판매에 화가 난 루터가 95개조 반박문을 발표하여 믿음과 신의 은총에 의한 구원을 강조하였다. 교황과 독일 황제의 탄압이 있었으나 봉건제후와 농민들의 지지를 얻어 루터파와 황제파가 대립하게 되었다. 결국 대립이 지속되자 아우크스부르크 화의에서 루터파를 정식 승인하게 된다.

칼뱅파
칼뱅의 종교개혁은 예정설을 주장하였다. 인간의 구원 여부는 신에 의해 미리 정해져 있다고 하였다. 근검과 절약으로 인한 부의 축적을 강조하여 루터파와는 다르게 칼뱅파의 종교적 사상은 도시 상공업자들이 환영하였다.
루터파와 칼뱅파를 신교라고 부른다.

으로써 학창 시절 케플러가 기울인 노력의 성과는 최정점에 달한다. 비록 아직 마울브론의 고등 신학교 학생 신분이었지만 그는 약 1년간 서류상으로는 튀빙겐 대학교 학생으로 등록되어 있었다.

따라서 그는 마울브론에서 학부 과정을 이수하고 튀빙겐에서 시험에 합격함으로써 대학 강의 한 번 받지 않고 인문학 학사 학위를 취득했던 것이다. 드디어 석사 학위 취득을 위한 대학 진학 길은 물론, 대학의 신학교에서 공부할 길까지 열린 것이다.

신학교에서 케플러는 고급 신학 과정을 이수할 생각이었다. 그 몇 년간의 모든 교육을 마치고 나면 그는 교회에서 봉직할 수 있었다. 그러나 그것은 오래오래 그의 원대한 포부로 남게 된다.

이듬해 9월 초, 루드비히 공작은 튀빙겐 대학의 루터파 신학교이자 기숙사인 슈티프트 장학생으로 다섯 명을 선발했다. 케플러도 그중 한 명에 속해 있었다. 장학금을 받으면서 케플러는 뷔르템베르크 공작을 위해 평생 봉직할 것을 서약했다.

그 대가로 케플러는 모든 것을 지원받았다. 슈티프트에서는 케플러가 석사 학위를 마치는 데 필요한 2년간 숙소를 제공하고 생활을 돌봐 주며, 더불어 그 후에 이어질 추가적인 신학 공부 기간 3년간을 책임지기로 했다. 그는 약간의 개인 소지품들을 챙겨 튀빙겐으로 향했다.

1589년 9월 17일경, 케플러는 슈티프트 교적부에 서명

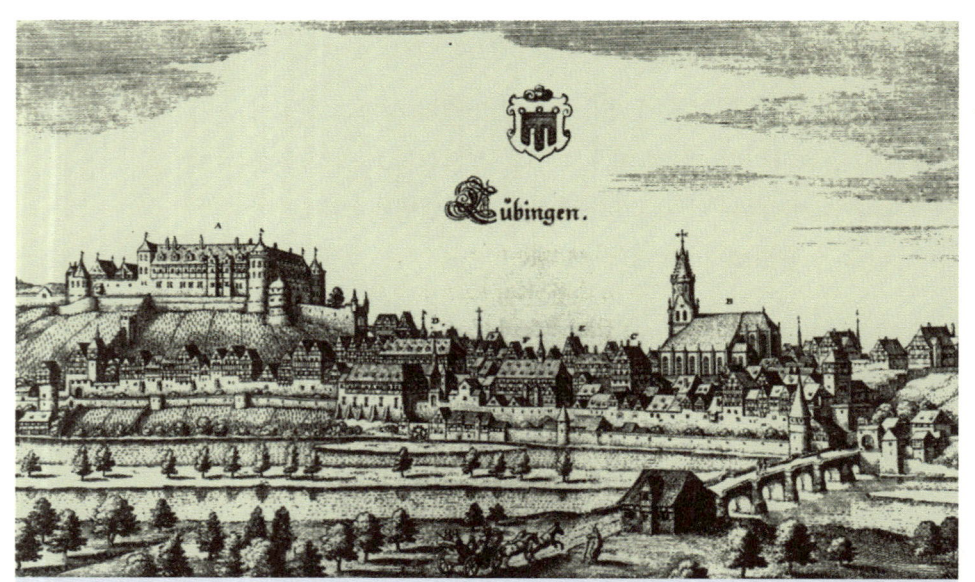

튀빙겐을 묘사한 마태우스 메리안의 판화. 그는 유럽의 여러 도시들을 묘사한 지리책 16권을 시리즈로 출간했다. 케플러는 튀빙겐 대학교에서 공부했다.

했다.

레온베르크 출신 요하네스 케플러
1571년 12월 27일생

지동설과 천동설의 대립

당시 케플러는 열일곱 살이었다. 정규 교과 과정에 따라 그는 대학 인문학부에서 2년 더 공부한 다음 신학 공부에 매진하고자 했다. 여타 학문 가운데 특히 그의 마음을 사로잡은 분야는 (천문학도 포함하고 있던) 수학과 신학이었고, 그 두 분야는 그의 여생 동안에도 주된 관심 분야였다.

그 두 학문은 지상의 경험을 초월해 영원불변한 진리를 추구하는 학문이라는 점에서 공통점이 있었다. 케플러에게 기하학적 증명은 유한한 존재인 인간이 도달할 수 있는 지식의 최정점이었다. 그리고 천문학을 통해 그는 태양계의 구조에서 신의 형상을 보았다.

케플러에게 수학 및 신학을 가르쳤던 교수는 미하엘 매스틀린이었다. 케플러는 다부지고 우락부락하게 생긴 그를 마음속 깊이 존경했다. 수학은 독일 루터파 대학들이 주력으로 가르쳤던 과목이었고 매스틀린은 케플러에게 최신 천문학 이론을 가르쳐 주기에는 아주 적격인 사람이었.

최신 천문학 이론은 50년 전 세상을 떠난 폴란드 출신의 천문학자 니콜라우스 코페르니쿠스가 주장한 태양 중심설

코페르니쿠스
(1473~1543)
폴란드의 천문학자. 육안으로 천체를 관측하여 지동설을 제창하였다. 우주의 중심은 지구가 아닌 태양이고, 별들의 일주운동은 지구의 자전 때문이며 지구도 다른 행성들처럼 태양의 둘레를 원궤도로 공전한다고 주장하였다. 지동설을 주장한 『천체의 회전에 관하여』는 1523~1530년 사이에 집필하였으나 종교상의 이유로 출판하기를 꺼리다가 1543년 그가 임종하던 해에 출판되어 근대과학의 기초가 되었다.

이었다. 말 뜻 그대로 '태양이 중심'이라는 태양 중심설은 태양계의 중심이며 나머지 행성들이 그 주위를 회전하는 체계였다. 매스틀린은 태양 중심설이 옳음을 진정으로 믿었다는 점에서 매우 비범한 인물이었다. 그러나 그는 여전히 신입생들에게는 구닥다리 천문학인 클라우디오스 프톨레마이오스의 지구 중심설(우주의 중심이 지구라는 이론)을 가르쳤다.

프톨레마이오스 천문학은 기원후 2세기 프톨레마이오스가 이를 구축한 이래로 1,500년간을 군림해 온 우주론이자 우주관이었다. 프톨레마이오스의 천문학은 지구는 하나의 천구로 이루어져 있다는, 그가 살았을 당시에도 케케묵은 지식을 출발점으로 삼았다.

게다가 그는 별들이 이루는 천구가 중심에 있는 지구를 둘러싸고 있다고 믿었다. 그는 그와 같은 우주의 기본 골격에 섬세한 수학 이론을 덧붙여 모든 행성의 운동을 설명했다. 부분적으로 수정이 가해지기는 했지만 케플러 시대까지도 행성의 운동을 매우 정확히 예측하기에 부족함이 없던 우주 이론이었다.

티코가 에테르의 존재를 반박하다

코페르니쿠스가 1543년 태양 중심설을 발표한 지 50년이 흘렀지만 태양 중심설이 사실일 수도 있다는 가능성을 진지하게 고려한 사람은 많지 않았다. 지구가 움직이는데

프톨레마이오스(?~?) 고대 그리스의 천문학자·지리학자. 2세기 중엽의 사람으로 천동설에 근거를 둔 수리 천문서 『알마게스트』를 저술하였다.

'천문학'을 의인화한 인물, 아스트로노미아의 도움을 받으며 하늘을 관측하는 프톨레마이오스. 그가 머리에 왕관을 쓰고 있다. 그를 이집트 프톨레마이오스 왕조와 관련 있는 인물로 착각하는 일이 종종 있었기 때문이다.

아리스토텔레스

(BC 384~BC 322)
고대 그리스의 철학자. 그의 물리학은 기본적으로 하늘과 땅의 운동을 서로 다른 것으로 파악했다. 그는 하늘은 완전한 물질인 '제5원소'로 구성되어 있어서 완전한 운동(즉 원운동)을 영원히 거듭하는 것이 순리라고 여겼지만, 땅에는 불완전한 물질들이 4가지 원소 형태를 보여주고 있고, 이런 세상에서는 원소들이 그 본연의 자리로 돌아가는 것이 자연운동이고, 그렇지 않은 일체의 운동은 부자연스러운 운동이라 파악했다.

에테르

아무도 실험으로 검증한 적이 없는 가상의 물질이다. 에테르라는 말을 처음 쓴 것은 2000년 전 그리스 철학시대부터이다. 공기 중에는 정신을 불러일으키는 정령 같은 것(에테르)이 있어, 그것을 매일 우리가 공기와 같이 마시면 영혼이 증진된다고 믿었다.

우리가 그것을 느낄 수 없다니, 도저히 믿을 수 없는 노릇이었다.

공전 속도 계산은 둘째로 치더라도 지구의 자전 속도만 해도 시간당 약 1,450킬로미터로 아찔한 속도였다. 그런데도 위로 던진 물체는 밑으로 곧장 낙하했고, 지구 회전 방향을 따라 흩어지지 않았으며, 하늘을 나는 새와 물체가 그 아래 지구의 회전 거리만큼 뒤처지는 일은 일어나지 않았다. 지구가 움직인다는 것은 물리학적으로 불가능해 보였다. 그런 반면 프톨레마이오스의 지구 중심설은 아리스토텔레스의 물리학과 완벽히 일치했다.

그러나 16세기 말에 들어 에테르 이론에 문제가 발생했다. 아리스토텔레스에 따르면 에테르는 영구불변한 것이었다. 그런데 1572년 눈부시게 빛나는 신성, 즉 '새 별'이 나타났다. 주의 깊게 관측한 결과 달 아래 지상계가 아니라 에테르 상층부 어디에선가 발생한 일이었다. 그런 일이 있은 후 1577년 거대한 혜성이 출현했던 것이다.

케플러가 어머니 손을 잡고 레온베르크 외곽에 있는 언덕을 오를 당시 멀리 북쪽 벤 섬에서는 덴마크의 귀족 청년 (갈릴레오나 미켈란젤로처럼 티코라는 이름만으로도 유명한) 티코 브라헤가 혜성을 정밀하고 철두철미하게 관측하고 있었다. 그는 이 관측을 통해 혜성이 으레 생각했듯 달 아래 불의 영역이 아니라, 신성과 마찬가지로 달 위에 위치한다는 사실을 밝혀냈다. 더군다나 혜성이 가로질러 움직이는 곳은 에테르로 가득 차 있다고 생각하던 천구의 영역 어디쯤이었다.

  1588년 티코는 11년에 걸친 인내 어린 관측 끝에, 자료를 근거로 에테르로 가득 찬 천구 따위는 존재하지 않는다고 선언했다. 그렇다고 티코가 코페르니쿠스의 지지자로 돌아선 것은 아니었다. 그러기에는 아직 뭔가가 부족했다. (지동설은 물리학적으로 터무니없는 소리였고 『성경』의 말씀과도 어긋났다.) 그러나 프톨레마이오스 체계를 위협하기에는 충분한 선언이었다.

신학에 부합하는 지동설을 받아들이다

  1590년대 초 매스틀린 교수 밑에서 공부하던 케플러에게 태양 중심설에 대한 물리학적 반론들은 큰 의미를 지니지 못한 것 같다. 그에게 코페르니쿠스 체계는 물리학을 넘어 종교적으로 중요한 의미를 지니고 있었다. 그의 생각에 우주는 바로 그 창조자인 신의 형상을 반영하는 것이었다. 가장 빛나는 존재인 태양은 우주의 중심에 머무는바, 행성들에게 빛과 열을 흩뿌리고 행성들이 운동을 하게끔 한다. 그것이야말로 하느님 아버지, 성부의 모습이다.

  그 체계의 맨 가장자리에는 별들이 존재한다. 별들은 고정된 하나의 천구에 위치한다. (구는 기하학적으로 가장 완벽한 입체였기 때문이다.) 역시 별의 천구의 중심은 태양이며 우주를 에워싸고 있으므로 별의 천구의 크기는 곧 우주의 크기를 결정한다. 그것이야말로 예수 그리스도, 성자의

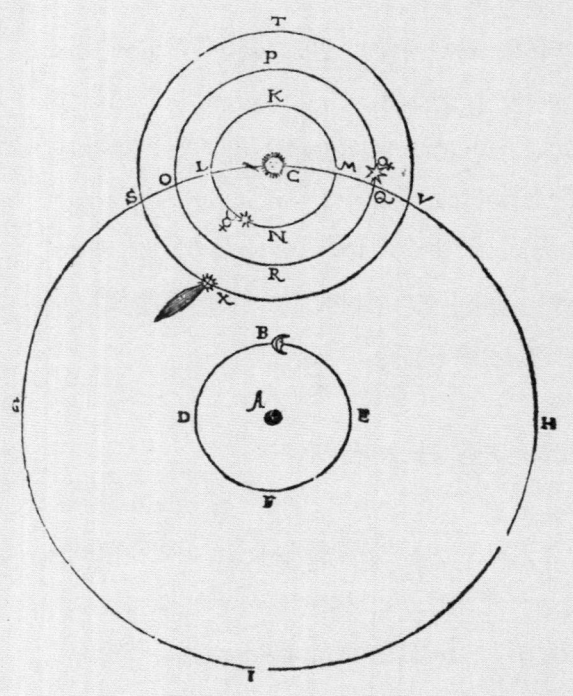

1577년 혜성의 위치에 대한 티코 브라헤의 그림 설명. 티코의 1588년 저서 『최근 에테르계에서 일어난 새로운 현상』에 소개되어 있다. 수성은 가장 안쪽 NMKL 궤도를, 금성은 그 바깥 QPOR 궤도를, 혜성은 금성과 가까운 XVTS 궤도를 따라 태양 주위를 돈다.

모습이다.

 천구는 태양에서 무수히 뻗어 나온 같은 길이를 지닌 직선들의 집합으로 이루어지고, 직선들은 태양과 천구 사이의 빈 공간을 가득 채운다. 태양과 천구를 중재하는 직선들, 그것이야말로 성령의 모습이다. 삼위일체의 교리대로 성부, 성자, 성령이 오직 한 분이신 신에 의해 하나이듯 중심, 표면, 부피라는 요소 역시 다른 요소 없이 홀로는 존재하지 못한다.

 행성의 공전주기와 그 거리 역시 코페르니쿠스의 설명을 따라야 이치에 맞는다. 모든 운동의 근원인 태양과 거리가 가까울수록 행성들의 공전 속도는 빨라진다. 바로 그와 같은 논변으로 튀빙겐 대학 시절 케플러는 두 차례의 정식 학술 토론회에서 코페르니쿠스 체계가 실재임을 변호했다. 그는 늘 천문학과 코페르니쿠스 체계에 관심을 갖기는 했지만 그것은 어디까지나 종교 공부를 위한 부차적인 것이었을 뿐이다.

 그 와중에도 케플러의 신학 공부는 계획대로 착착 진행되고 있었다. 1591년 8월 11일 케플러는 그에게 필요했던 2년간의 인문학 고등 과정을 마치고 석사 학위를 취득한다. 두 달 후 대학 이사회는 바일 시 시장과 의회 앞으로 편지를 한 통 보낸다. 케플러의 장학금 수혜 기간을 연장해 주십사고 요청하는 편지였다. 그들은 그 편지에 "케플러는 남달리 뛰어난 지적 재능을 지닌 젊은이로서, 장차 큰일을 이룰 것입니다"라고 썼다.

신학 공부를 중단하고 수학 교사가 되다

그러나 1594년 초, 계획을 망치는 변수가 등장한다. 남은 3년에 걸친 신학 공부도 막바지 몇 달을 남겨 놓고 있을 무렵 케플러는 돌연 공부를 중단해야 했다. 한 해 전, 오스트리아의 슈타이어마르크 주 그라츠에 위치한 개신교 신학교의 수학 교사이던 게오르크 슈타디우스가 사망했던 것이다.

12월 슈타이어마르크 주 대표들은 루터파 대학으로 명성이 자자한 튀빙겐 대학에 그 후임자를, 이왕이면 그리스어와 역사에도 밝은 사람으로 추천해 달라고 부탁했다. 신학 학부에서는 매스틀린 교수의 수업에 열성적이던 모습을 인상 깊게 보아왔고 다른 방면으로도 뛰어난 케플러를 추천했다.

케플러는 개인적으로 극심한 번민에 휩싸였다. 부름에 응할 것인가 의무를 다할 것인가를 놓고 마음을 정하지 못했다. 과거 튀빙겐의 프로테스탄트 연구소 친구들은 먼 곳으로 발령받을 경우 대놓고 투덜대며 어떻게든 그 자리를 피할 궁리만 했다. 그런 장면을 목격하며 자신에게도 그런 부름이 찾아온다면 자신은 지체 없이 품위 있게 그 명을 받아들이겠노라고 다짐했던 케플러였다.

그런 자만심이 이제는 괴로움으로 변해 있었다. 그라츠가 외국의 먼 곳에 있다는 사실도 힘들었지만, 그를 괴롭힌 것은 교회에서 목회자로 봉직할 기회에서 멀어진다는 사실이었다.

수학 교사처럼 낮은 신분으로 살기는 싫었다. 더군다나 자신이 수학에 특별히 재능이 있다고 생각하지도 않았다. 한편으로 이기적으로 살기도 싫었다. 자기 혼자만이 사는 세상이 아니었다. 마침내 케플러는 절충안을 찾는다. 훗날 다시 돌아와 교회에서 봉직할 수도 있다는 가능성을 열어 놓기로 한 것이다.

서류 절차는 일사천리로 진행됐다. 튀빙겐 프로테스탄트 연구소의 교장과 그리츠 개신교 신학교의 장학관들은 뷔르템베르크 공작에게 케플러가 뷔르템베르크를 떠나 새 직장에서 근무할 수 있게 허락해 달라는 편지를 썼다.

5월 5일 공작은 허락한다고 서명했다. 케플러는 튀빙겐에 남은 일들을 서둘러 마무리 지었다. 1594년 3월 13일 그는 정든 대학을 떠나 멀리 슈타이어마르크 주로 향했다.

행성의 역행 운동과 코페르니쿠스의 우주 모형

1543년 니콜라우스 코페르니쿠스는 태양 중심 체계를 주장한 책을 출간했다. 바로 그가 사망한 해였다.

프톨레마이오스의 지구 중심 체계에 따르면 지구는 우주의 중심에 자리 잡고 있으며 하늘에 있는 별과 행성이 운동하는 것은 그들 자체가 운동하기 때문이다.

코페르니쿠스의 태양 중심 체계에 따르면 천체의 운동은 많은 경우 그들 스스로 운동하고 있기 때문이 아니라 우리가 사는 지구가 운동하기 때문에 우리 눈에 천체가 지구를 중심으로 움직이는 것처럼 보일 따름이다.

여러분이 기차에 앉아 있는 경우를 생각하면 이해하기 편할 것이다. 창밖에 기차가 움직이기 시작한다. 그렇다면 정답은 둘 중의 하나이다. 여러분이 탄 기차가 움직이고 있거나 창밖의 기차가 움직이고 있거나일 것이다. 예를 들어 코페르니쿠스에 따르면 천체가 매일 동쪽에서 떠서 서쪽으로 지는 일주 운동을 하는 것은 사실 지구가 자전축을 따라 서쪽에서 동쪽으로 자전 운동을 하기 때문이다. 하늘에 있는 천체는 움직이지 않는다. 그 아래 있는 우리 지구가 움직일 따름이다.

다른 행성의 움직임에 대해서는 설명이 조금 복잡해진다. 다른 행성도 지구와 마찬가지로 태양 주위를 공전한다. 따라서 지구와 다른 행성 사이의 상대적인 위치 관계에 따라 행성의 운동 역시 다르게 관측된다.

화성이 좋은 사례다. 화성은 통상 서쪽에서 동쪽으로 순행 운동을 한다. 그러나 태양을 기준으로 지구와 화성이 같은 방향에 위치하는 상황에서 (상대적으로 화성보다 공전 궤도도 작고 공전 속도도 빠른) 지구가 화성을 추월하면 천구상에서는 화성의 역행 운동이 일어난다. 즉 지구가 앞서가는 만큼 화성은 뒤처지는 것이다. 지구에서 바라보면 역행 운동 중에 화성은 순간적으로 운행을 멈추었다가 한동안 뒷걸음치는 것처럼 관측되는 것이다.

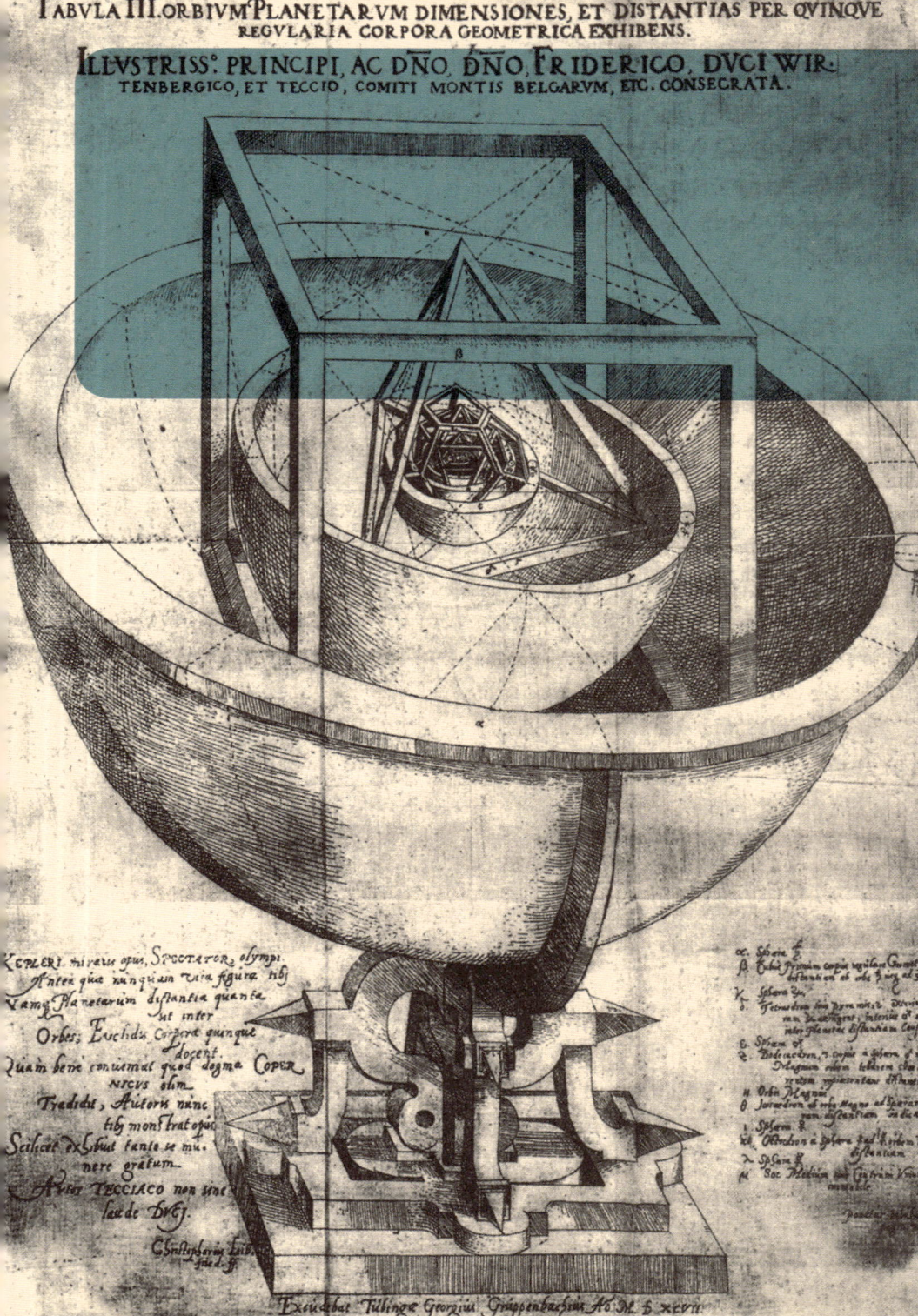

우주의 비밀을 파헤치다 2

케플러의 1596년 저서인 『우주의 신비』에 등장하는 다면체 가설. 태양계 행성의 궤도 사이 거리를 기하학적으로 설명하고 있다.

뷔 르템베르크를 떠난 케플러가 바이에른 지방을 거쳐 국경 넘어 오스트리아 남부 지역을 통과하기까지는 대략 한 달이 걸렸다.

1594년 4월 11일 케플러는 슈타이어마르크 주의 주도로서 오스트리아 중부 내륙 깊숙이 위치한 언덕배기에 자리 잡은 성채 도시, 그라츠에 도착했다. 좁다란 거리를 따라 오른 케플러의 눈에 키 작은 사각형 개신교 대학 건물이 나타났다. 나무로 둘러싸인 교정으로 안내받은 그에게 새 숙소가 주어졌다.

오랜 여정만큼이나 떨어지기도 멀리 떨어진 곳이었고, 새로운 환경은 낯설었다. 케플러 신상에 일어난 가장 중대한 변화는 종교 환경의 변화였다.

확실한 루터파 지역이었던 뷔르템베르크와 달리 슈타이어마르크 주는 가톨릭 신자와 개신교 신자가 어깨를 맞대고 불안한 동거 생활을 이어 나가고 있었다. 원칙대로라면 그런 일은 결코 있을 수가 없었다. 아우크스부르크 화의 원칙대로라면 슈타이어마르크 주는 그 지배자인 합스부르크 왕가와 마찬가지로 마땅히 가톨릭을 믿어야 했다.

그러나 신앙생활 문제에 법이 개입하려면 그것을 강제할 힘이 있어야 했다. 오스트리아 중부 내륙 지방의 힘 있는 귀족계급들은 대부분 루터파로 개종했다. 20년 전 샤를 대공이 브루크 평화 협정(1578)에 따라 개신교 귀족계급에게 한 걸음 양보한 결과, 지방의 귀족들과 그라츠 같은 도시의 개신교 시민들에게는 자유로운 신앙생활이 허

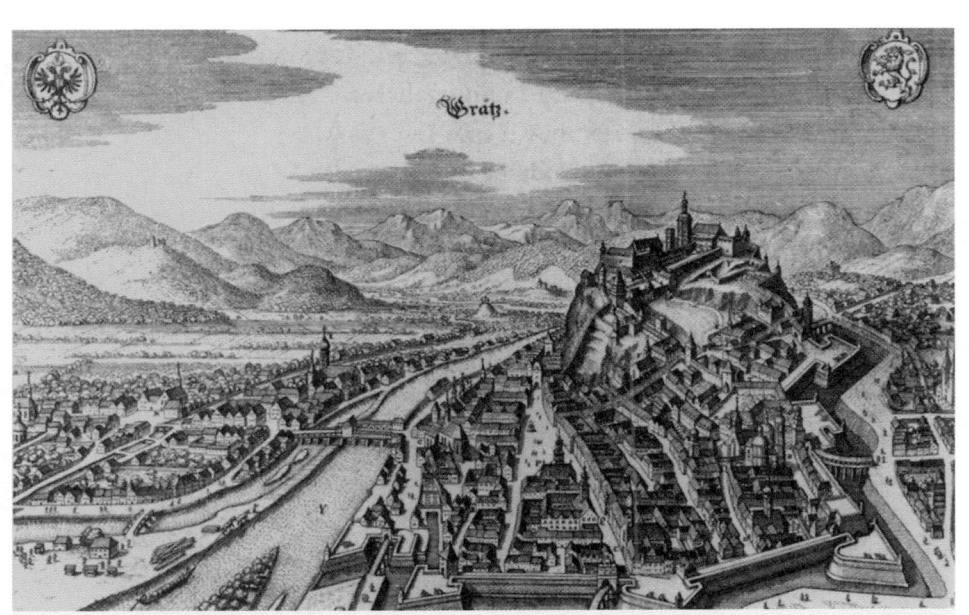

마태우스 메리안이 지리책에 실을 목적으로 묘사한 그라츠 시 전경. 그라츠는 슈타이어마르크 주의 주도였다. 케플러는 그라츠 시에서 수학 교사이자 슈타이어마르크 주의 지역 수학자로 일했다.

락되었던 것이다. 그 후 대부분의 기간 동안 종교적으로 서로 피할 길 없는 대치 국면이 이어졌다.

그런 대립 상황 속에서 케플러는 중립 입장을 고수할 수가 없었다. 1573년 가톨릭 예수회 대학이 들어서자 그에 대한 맞불 작전으로 이듬해 개신교에서도 신학교를 설립했다. 신학교는 그라츠 개신교도들의 중추로 자리를 잡았다. 신학교 직원들은 그라츠 시의 개신교 공동체를 대표하는 주요 인사들이었다.

신학교에는 목사 네 명과 교사 열두어 명이 재직했고, 여학생은 입학이 허용되지 않았다. 교육 과정은 유소년 과정과 상급자 과정의 두 과정으로 나뉘어 있었다. 케플러는 상급자 과정 네 학급 중 최상위 학급의 철학 수업을 담당했다. 천문학을 포함하고 있던 고등 수학 수업을 떠맡기도 했지만 수강률은 저조했다.

점성력으로 일약 유명해지다

부임 첫 해에는 겨우 수강생 몇 명, 그 이듬해에는 수강생이 단 한 명도 없었다. 학교 장학관들은 새로 부임한 젊은 교사가 잘못한 것이 아니라 과목에 문제가 있다는 사실을 깨달았다. 다음 해부터 학교에서는 케플러에게 다른 과목을 맡겼다. 그는 수사학을 비롯해 베르길리우스, 기초 수학, 역사, 윤리 등 다양한 과목들을 가르쳤다.

학교 수업과 더불어 케플러에게는 지역 수학자로서 수

베르길리우스
(BC 70~BC 19)
고대 로마의 시인. 로마의 건국과 사명을 노래한 민족 서사시 『아이네이스』를 썼다. 애국심과 종교적인 경건함, 풍부한 교양과 시인으로서의 모든 면에서 완벽한 기교 등으로 인해 그는 문자 그대로 '시성(詩聖)'으로서의 대우를 받았다. 단테가 『신곡』에서 그를 안내자로 삼은 것으로도 유명하다.

행해야 할 또 다른 직무가 있었다. 다름 아닌 지역 수학자로서 한 해의 천문력(天文曆)을 제작하고, 다음 해 일어날 일을 사전에 예고하는 점성력(占星曆)을 편찬하는 일이었다.

케플러는 인생 내내 점성술에 대해 상반된 감정을 드러냈다. 몇 년 후 출간한 『더욱 믿을 만한 점성학의 기초』에서는 "어리석은 자들에게 미신을 조장하는" 생각이라고 반감을 표시했던 반면, 행성의 배열이 인간과 자연에 미묘하지만 중대한 영향을 끼친다고 진지하게 믿었던 인물이 바로 케플러였다.

『1595년 점성력』에서 케플러는 적절한 균형감각을 유지했다. 그의 첫 점성력에서 케플러는 혹한이 찾아올 것이며, 튀르크가 오스트리아 남부를 공격할 것이고, 농민들이 봉기할 것임을 예고했다

실제로 산에서 유목 생활을 하는 양치기들이 코를 풀다 코가 터졌다는 소문이 나돌 정도로 그해 겨울은 끔찍이 추웠다. 그 외의 불길한 예고 역시 모두 현실로 나타났다. 이로써 케플러는 단번에 성공길에 올랐다.

물론 케플러가 했던 공식적인 점성력 작성과 개인적인 점성술 상담에는 또 다른 동기가 숨어 있었다. 그것은 꽤나 쏠쏠한 수입원이었던 것이다. 점성술을 못마땅해하던 과거의 스승 미하엘 매스틀린에게 쓴 편지에는 케플러가 자신의 점성술 활동을 정당화하는 내용이 담겨 있다. "신께서 모든 동물들에게 생명을 보존할 도구를 주셨다면, 그

와 똑같은 목적으로 신께서 점성술과 천문학을 하나로 합쳐 놓았다 한들 무슨 해악이야 있겠습니까?"

『1595년 점성력』 덕분에 케플러는 상여금으로 20플로린을 받았다. 자신의 1년치 교사 봉급 150플로린의 7주치에 해당하는 금액이었다. 연이어 매해 내놓는 점성력마다 연거푸 그에게 같은 보상이 따랐다.

'수학적으로' 균형 잡힌 코페르니쿠스 체계

그라츠에서 수학 교사로 일하기로 했다지만 케플러에게 썩 마음 내켰던 일은 아니었다. 하지만 케플러는 마음을 다잡았다. 그는 전문 수학자였다. 천문학자라고도 할 수 있었겠지만 그 당시에 그 둘은 사실 매한가지였다.

그는 자신의 학문을 철학에 어울릴 만한 수준으로 끌어올리기로 결심했다. 그는 코페르니쿠스의 태양 중심적인 우주 체계를 재검토하는 것에서 출발했다. 그는 코페르니쿠스의 우주론에는 몇 가지 불분명한 점들이 있음을 발견했던 것이다.

태양 중심 체계의 가장 확실한 특징은 행성들의 궤도가 모두 조화롭고, 수학적으로 균형 있게 잘 맞아떨어진다는 점이었다. 다시 말해 코페르니쿠스의 태양 중심 체계에서는 지구와 각 행성들 사이의 상대적인 거리가 한 치 오차 없이 정확히 들어맞았다. 즉 태양과 각 행성들 사이의 거리가 상대적인 비례 관계를 유지하고 있었던 것이다. 그런

튀빙겐 대학교 시절 케플러의 천문학 교수이던 미하엘 매스틀린. 그는 케플러의 든든한 학문적 지지자였으며 케플러가 튀빙겐에서 첫 책을 출판하는 데도 도움을 주었다.

점에서 코페르니쿠스 체계는 '수학적으로' 균형을 이룬 체계였다.

과거 프톨레마이오스의 우주 체계에서는 행성들 간의 상대적인 거리를 각 행성이 박힌 천구 간의 거리가 결정했다. 더군다나 그것은 천구에 다시 천구를 쌓아 올려 양파 껍질처럼 겹겹이 층을 이루고 있는 구조였다.

그러나 코페르니쿠스 체계에서 행성들은 태양으로부터 모두 특정한 거리에 위치했다. 수성은 지구와 태양 사이 거리의 3분의 1, 금성은 3분의 2, 화성은 1.5배, 목성은 5배, 토성은 10배 지점에 위치했다.

태양 중심 체계를 더욱 자세히 연구하기 시작하면서 케플러는 행성들이 무엇 때문에 그와 같이 특정 거리상에 위치하는지에 대해 코페르니쿠스는 아무런 근거도 제시하지 않았음을 확인했다. 케플러는 궁금증이 발동했다. 왜 행성들은 그렇게 특정 거리로 떨어져 있는가? 거리도 거리지만 왜 행성은 6개, 왜 꼭 6개여야 하는가? 그리고 왜 신은 태양계를, 다른 방식도 아니고 하필 그런 식으로 설계했을까?

행성은 왜 6개뿐일까?

1595년 7월 19일 케플러는 그와 같은 문제를 해결할 실마리를 발견한다. 수업 시간에 원에 내접하는 정삼각형을 작도할 때였다. 다시 그 정삼각형에 내접하는 원을 작도하던 순간, 그는 깨달았다. 큰 원과 작은 원의 크기 비가 토성 궤도와 목성 궤도의 크기 비와 일치했던 것이다. 다시 작은 원에 내접하는 정사각형을 작도한 다음 그 정사각형에 내접하는 원을 그린다면, 그 원들 사이의 비는 토성과 목성 궤도에 대한 화성 궤도의 상대적인 비와 일치할 것이다.

순간 그는 어렴풋이 깨닫는다. 그와 같은 일부 기하학적 원리가 모든 행성 궤도 사이의 상대적인 크기에 대해서도 성립하지는 않을까? 신은 기하학을 원형으로 삼아 우주를 창조하지는 않았을까?

평면 기하학으로는 불충분했다. 입체 기하학을 동원해야 했다. 무엇보다 우주는 3차원이었던 것이다. 3차원이라는 사실에 착안해 그는 원 대신 구를, 다각형 대신 정다면체를 가지고 연구에 돌입했다.

예부터 수학자들에게 알려진 정다면체는 정사면체, 정육면체, 정팔면체, 정십이면체, 정이십면체 5개뿐이었다.

그와 같은 사실을 새삼 확인하는 순간, 케플러에게 정답은 분명해졌다. 그 후 자신의 저서 『우주의 신비』 서문에서 케플러는 그 순간 떠오른 수학적 정리를 다음과 같이 적용한다.

지구의 원 궤도가 모든 계산의 기준이다. 지구 궤도에 외접하는 정십이면체를 그린다. 그것을 둘러싼 원이 화성 궤도다. 화성 궤도에 외접하는 정사면체를 그린다. 그것을 둘러싼 원이 목성 궤도다. 목성 궤도에 외접하는 정육면체를 그린다. 그것을 둘러싼 원이 토성 궤도다. 이제 지구 궤도에 내접하는 정이십면체를 그린다. 그것에 내접하는 원이 금성 궤도다. 금성 궤도에 내접하는 정팔면체를 그린다. 그것에 내접하는 원이 수성 궤도다.

다각면체들 사이에 존재하는 행성의 궤도 공간, 그것은 틀림없이 맞아떨어지는 것 같았다. 그러나 그보다도 더 중요한 문제가 있었다. 행성은 왜 6개, 왜 단 6개뿐인가. 케플러는 그 문제 역시 즉각 해결했다. 가능한 정다면체는 5개뿐이므로 그것에 내접하는 구는 6개, 따라서 행성은 6개일 수밖에 없었다. 그와 같은 사실을 발견한 것이 1595년 6월 20일이었다. 너무나도 심오한 발견이었으므로 그는 기쁨에 북받쳐 눈물을 터트렸다. 매스틀린에게 쓴 편지에서 밝혔듯, 그는 자신의 발견을 "하느님의 놀라운 기적"이라 여겼다.

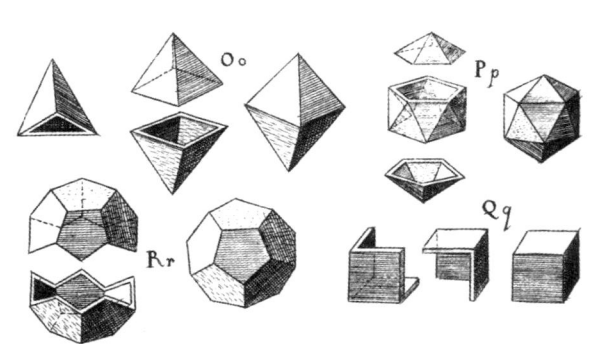

케플러의 저서, 『우주의 조화』에 등장하는 자세한 삽화. 플라톤의 입체를 만드는 방법을 설명하고 있다. 정사면체(왼쪽 위), 정팔면체(Oo), 정이십면체(Pp), 정육면체(Qq), 정십이면체(Rr)

책 출간을 결심하다

1595년 10월에 이르러, 케플러는 자신이 발견한 사실을 책으로 출간하기로 했다. 그의 믿음 그대로, 그것은 코페르니쿠스의 태양 중심 체계가 진리임을 알리는 물리적인 증거이자 동시에 신의 영광을 밝히는 증거였다. 그렇게 신이 설계한 자연의 구조를 발견함으로써 케플러는 수학자라는 자신의 소명에 의미를 부여할 길을 찾았다. 10월 초 케플러는 매스틀린에게 편지를 쓴다.

존경하는 스승님, 저는 책을 출간하기 위해서 매일을 바쁘게 보내고 있습니다. 제 일신의 유익을 위해서가 아닙니다. …… 자연이라는 책 속에서 자신이 드러나기를 바라시는 신의 영광을 위해 한시라도 빨리 책을 선보이고자 전심전력을 다하고 있습니다. …… 신께 맹세했던 그대로 제 뜻에는 변함이 없습니다. 저는 신학자가 되기를 원했고 잠시 번민에 빠졌던 적도 있었습니다. 그러나 이제 보십시오. 제가 연구한 천문학을 통해 신께서 그토록 영광스러운 모습을 다시 한 번 드러내시는 것을.

집필에 착수하기 전에 세부적으로 다져 놓아야 할 사항들이 많았을 것이다. 다른 것보다도 코페르니쿠스 체계에는 또 하나 해결해야 할 근본적인 문제가 남아 있었다.
행성들은 왜 그런 특정한 주기로 공전하는가? 그 문제를 해결하는 과정에서 케플러는 아주 중요한 사상적인 전

플라톤의 입체

고대 그리스 시대부터 정다면체는 오직 5개에 불과하다는 사실은 이미 알려져 있었다. 소위 '플라톤'의 입체, 즉 모든 면이 동일한 정다각형으로 이루어진 기하학적 삼차원 입체는 5개뿐이라는 것이다. 정육면체는 가장 대표적인 정다면체다. 그런데 어떻게 정다면체는 모두 합쳐 겨우 5개밖에 안 된다는 것일까?

정다면체를 만드는 방법에서 시작해 보자. 한 꼭짓점에 모일 수 있는 면의 개수를 생각해 보자. 적어도 3개는 모여야 한다. 3개보다 모자라면 입체를 만들 수 없다. 꼭짓점에 정사각형 3개를 모은 다음 그것들을 접으면 반쪽짜리 정육면체를 만들 수 있다.

동일한 방법으로 똑같은 반쪽짜리 정육면체를 하나 더 만들어 그 둘을 맞붙이면 드디어 정사각형 6개로 이루어진 정육면체가 완성된다. 정삼각형 3개를 접을 경우에는 좀 더 섬세한 손길이 필요하다. 꼭대기에 옆면과 같은 크기를 지닌 정삼각형 공간을 유지해야 하기 때문이다. 꼭대기에 정삼각형을 하나 더 추가하면 4개의 정삼각형으로 이루어진 정사면체가 탄생한다. 정오각형들을 접으면 가운데가 움푹 파인 접시 모양이 된다. 그러나 나머지 정오각형들을 붙일 수 있다.

정오각형을 하나씩 하나씩 계속해서 붙인다. 마침내 모든 면이 열둘인 정오각형으로 이루어진 정십이면체가 모습을 드러낸다. 그러나 정육각형으로는 그와 같은 입체를 만들 수 없다. 3개의 정육각형이 한 점에 모이면 3개의 경계면이 빈틈없이 맞붙어 동일 수평면이 형성된다. 그래서는 입체의 각 면을 이루게 접을 수가 없다.

다시 삼각형으로 되돌아가 보자. 한 꼭짓점에 4개의 정삼각형을 모을 수도 있다. 그렇게 모인 정삼각형을 접으면 피라미드 모양을 이룬다. 똑같은 피라미드를 하나 더 만들어 서로 밑바닥을 맞붙이면 8개의 정삼각형으로 이루어진 정팔면체가 만들어진다. 쿨론 5개의 정삼각형이 모일 수도 있다. 그것들을 접으면 가운데가 살짝 들어간 접시 모양이 된다. 그러나 정삼각형을 꾸준히 이어 붙이면 마침내 20개의 정삼각형으로 이루어진 정이십면체를 만들 수 있다.

정삼각형이 6개 모이면 동일 수평면이 형성된다. 그래서는 삼차원 입체도형을 만들 수 없다. 정사각형 4개가 모인 경우에도 마찬가지다. 동일 수평면이 형성될 경우에는 입체를 만들지 못한다. 하나의 꼭짓점에서 정다각형이 모이는 경우의 수는 우리가 이제껏 살펴본 것이 전부다. 따라서 성립 가능한 정다면체의 숫자는 오로지 5개일 수밖에 없는 것이다.

환점을 맞이한다.

학창 시절부터 줄곧 케플러는 행성이 태양에 가까울수록 더 빨리 공전하는 이유가 행성과 태양 사이의 근접성 때문이라고 생각했다. 그 방식은 알 수 없었지만 어쨌든 태양은 행성들을 공전하게 하는 힘의 근원이었기 때문이다. 그랬던 그가 이제는 행성의 공전 주기는 태양과 행성의 거리와 관련이 있다는 물리학적 직관에 근거해 수학 공식을 시도했던 것이다.

그는 두 가지 사실을 고려해야 했다. 하나는 바로 기하학과 관련된 사항이었다. 태양에서 거리가 멀면 멀수록 공전 궤도는 커지고 공전 주기는 길어진다. 그리고 그와 더불어 태양에서 멀리 떨어질수록 행성의 운동력도 떨어진다. 케플러는 그런 사실들을 고려해 공식을 이끌어 냈다. 태양에서 먼 순서대로 행성의 공전 주기는 행성 사이 거리의 곱절만큼 길어진다는 것이었다.

그 후 케플러 스스로 그 공식이 틀렸음을 깨닫기는 했지만, 놀랍게도 그 공식을 통해 얻은 행성 간 거리는 그가 다면체 가설에서 유도한 행성 간 거리와 비슷했다. 그는 다시 한 번 기쁨의 눈물을 흘리며 흥분에 휩싸였다. 그는 자신이 세운 새로운 가설에 대해 매스틀린에게 편지를 썼다. "보십시오, 제가 진리에 얼마나 가깝게 다가섰는지를!"

천문학의 붕괴를 우려해 출간을 말리다

1595년 10월 케플러는 책에 실을 주요 논증 두 가지에 관한 최초 개요를 매스틀린에게 보냈다. 그해 추운 겨울 내내 케플러는 그 개요에 보조 논증을 덧붙였다. 다면체 가설의 밑바탕에는 5개의 정다면체를 근거로 신이 우주를 이성적으로 설계했다는 생각이 깔려 있었으므로 그는 관심을 돌려 그 정다면체의 특정한 배열 관계에 숨은 의미가 무엇인지를 알아내고자 했다.

그 과정에서 그는 행성의 운동력 가설보다 정다면체 가설에 대해 한참 더 설명을 할애하는 결과를 낳기는 했지만, 그가 도달한 행성의 운동력 가설에 근거를 둔 보조 논증 하나는 행성 이론에 대한 그의 후기 사상에 지대한 영향을 미친다.

1596년 3월 무렵 케플러는 그의 원고에 대한 마지막 손질을 마치며 행성의 운동력 가설이 적용될 수 있는 아주 흥미로운 사례를 발견했다. 그동안 그는 행성의 운동력 가설을 행성의 공전 주기와 행성의 상대 거리 사이의 상관관계라는 관점에서만 이해하고 있었다. 그러나 그는 다시 생각을 정리해 새로운 사실을 발견했다. 그 가설을 개별 행성에도 적용할 수 있었던 것이다. 행성은 각기 자기 공전 궤도를 따라 움직이고 있었던 것이다.

태양에 가까워질수록 행성의 운동력은 강해지고 공전 속도도 빨라진다. 그런 다음 공전 궤도를 따라 태양에서 멀어질수록 운동력도 약해지고 속도도 느려졌다. 태양과의 거리 차이에 따른 행성의 그와 같은 속도 변화는, 행성 운동에 대한 프톨레마이오스의 모형이나 코페르니쿠스의 모형에서도 다루고 있는 내용이었다. 그러나 어느 쪽도 행성의 속도 변화를 물리학적으로는 해석하지 못하고 있었다.

사실 그와 같은 생각은 매스틀린이 케플러의 책에 담긴 내용 가운데 유일하게 우려하던 부분이었다. 그 후 매스틀린은 케플러에게 행성의 운동력 가설을 남용하지 말라고 타일렀다. 그것이 "천문학의 붕괴를 불러일으킬 수도 있다"는 것이었다. 매스틀린은 케플러가 천문학을 두 영역으로 나누고 있던 미묘한 경계선을 허물어뜨릴까 봐 두려웠던 것이다.

16세기 천문학은 일반적으로는 물리학의 일부로서 우주의 구조와 자연을 다루는 학문으로 통했다. 하지만 다른 한편 수학의 일부로서 행성 운동을 정확히 수학적으로 이론화하는 우주론이기도 했다. 한 가지 점만 뺀다면 케플러의 책은 물리학 영역으로 빠질 수도 있었다.

그러나 행성의 운동력을 통해 프톨레마이오스와 코페르니쿠스의 행성 이론 중 어떤 수학적 세부 사항에 대해 설명할 수 있다는 것을 밝힌다면 케플러는 사실상 수학에 속하는 천문학 영역에 대해 중요한 물리학적 이론화 작업을 벌이고 있는 것이었다. 그러나 매스틀린에게 그것은 행성 이론을 혼란으로 몰아넣는 일로만 비쳤다.

책 출간을 다시 결심하다

1596년 1월 케플러는 가족들에게서 할아버지가 편찮으시다는 전갈을 받고 그달 말 귀향했다. 슬프게도 할아버지 세발트는 케플러가 집에 도착하기도 전에 세상을 떠났다. 하지만 케플러는 뷔르템베르크에 머물면서 자신의 새로운 가설을 대외적으로 선보일 기회를 얻었다. 2월, 그는 뷔르템베르크 공작령의 수도 슈투트가르트를 향해 여행길에 오른다. 그는 공작의 궁정에서 자신의 운을 시험해 보고자 했던 것이다.

대개는 귀족들이 과학과 예술을 후원해 왔다. 그런데 케플러가 시장에서 선보이려 한 신기한 물건은 은으로 만든 다면체를 품은 것이었다. 이것은 그의 새로운 우주 체제 모형이었다. 케플러는 자신의 모형을 어떻게 커다란 펀치 음료 그릇의 형태로 구현할 수 있을지를 대략적으로 설명했다.

행성의 천구와 천구 사이 구면 공간을 다양한 음료로 채우고 밸브와 파이프를 숨겨 놓은 다음 그릇 가장자리에 구멍을 뚫어 7개의 음료 꼭지를 만들어 놓으면, 모임에 참석한 손님들은 그 꼭지를 통해 잔을 채울 수 있다는 것이었다. 처음에는 회의적인 반응을 보였지만 케플러가 종이로 공들여 제작한 모형을 본 공작은 자신의 천문학 스승인 매스틀린의 조언을 얻어, 케플러가 은으로 더욱 정제된 모형을 제작할 수 있도록 약간의 자금을 선불로 지급했다.

펀치
큰 그릇에 과일, 주스, 술, 설탕, 물을 혼합하여 얼음을 띄워 놓고 여러 사람이 떠서 먹는 음료.

그 후 석 달은 실패로 얼룩진 참담한 시간의 연속이었다. 케플러는 슈투트가르트에 붙박여 금세공인을 닦달했지만 일은 좀처럼 진척되지 않았다. 결국 케플러는 금세공인에게 일을 맡겨 놓은 채 슈타이어마르크로 돌아왔다.

몇 년의 세월을 끌었지만 케플러를 들뜨게 해 줄 다면체 모형의 완성은 여전히 요원했다. 완성만 됐다면 대단히 볼 만한 걸작이었을 것이다.

그런 사이 케플러는 튀빙겐으로 여행할 기회를 얻어 매스틀린을 방문하고 출판업자들을 만나 자신의 책 출간 문제를 협의했다. 그라츠에는 무능하고 고루한 출판업자뿐이어서 복잡한 천문학 서적을 출간해 줄 인물이 없었지만 튀빙겐에는 그루펜바흐라는 성격인 진중한 출판인이 있었다.

그루펜바흐는 대학 이사회의 승인이 있어야 한다는 조건으로 출판에 동의했다. 이사회는 매스틀린에게 책에 수록된 천문학의 내용에 대해 전문가로서의 의견을 물었고, 매스틀린은 열과 성을 다해 답했다.

신학부에서는 딱 한 부분, 책에서 삭제할 내용이 있음을 지적했다. 〈시편〉 104장 5절 하느님께서 "땅의 기초를 든든히 놓으셔서, 땅이 영원히 흔들리지 않게 하셨습니다."라는 구절을 비롯해 지구 중심설을 지지하는 듯한 『성서』속 여러 구절들과 태양 중심설이 어떻게 조화를 이루는지를 밝힌 케플러 책의 한 장이 그렇다는 것이었다.

『성서』의 실제적 의미는 케플러가 다루고자 했던 주제가 아니었다. 신학 교수 마티아스 하펜레퍼가 편지로 충고를 하자 케플러는 자신은 '추상적인 수학자의 역할'에 충실하겠다며 한발 물러섰다. 자신의 작업이 태양 중심설이 진리임을 밝힐 물리학적 증거라고 생각했던 케플러에게는 속상한 일이었다. 단지 가설에 지나지 않았지만 어떻게 신을 찬미할 방법은 없을까? 그러나 그는 충직하게 루터파 당국의 뜻에 따랐다.

바르바라와 사랑에 빠지다

1596년 8월 케플러는 그라츠로 돌아왔다. 그런데 그가 학교에 끼친 피해에 대한 책임 문제가 그를 기다리고 있었다. 그는 너무 오랫동안 자리를 비웠다. 애초 3개월의 휴가를 받아 놓고 7개월 만에야 돌아왔던 것이다. 그러나 케플러에게는 뷔르템베르크 공작이 써 준 편지가 있었다. 케플러가 자신을 위해 봉직하느라 시일을 지체한 것이니 윗분들께서는 널리 헤아려 주시기를 바란다는 내용의 편지였다. 그것으로 명분은 충분했다.

그런데 그가 소홀히 했던 애정 전선에 생긴 공백도 그렇게 쉽게 회복할 수 있을까? 불행히도 그것은 장담하기 어려운 문제였다.

지난해 겨울 케플러는 한 젊은 여성과 교제한 지 얼마 되지 않아 사랑에 빠지고 말았다. 그녀의 이름은 바르바라 뮐러였다. 그녀에 대해 알려진 것은 무엇보다 예쁘고 통통했으며 거북 요리를 특히 좋아했다는 사실이다. 그녀는 부유한 방앗간 주인이자 사업가 욥스트 뮐러의 장녀였다. 그녀의 아버지는 그라츠에서 남쪽으로 약 두 시간 거리에 있는 곳에 거주하고 있었다.

　바르바라의 당시 나이는 겨우 스물셋에 지나지 않았지만 그녀는 두 번째 남편을 잃은 지 얼마 안 된 과부였다. 그녀의 전 남편들은 모두 그녀보다 나이가 엄청나게, 그러니까 둘 다 자그마치 마흔 살이나 연상이던 사람들이었다. 그 당시 통념으로는 그리 흉잡힐 일도 아니었다. 누가 누구와 결혼할지를 결정하는 데에 가족과 공동체가 막강한 영향력을 행사하던 시절이었다.

　나이 지긋한 사내들은 자신의 가족 부양 능력과 성공 능력을 과시했다. 이에 비해 바르바라에게 구애를 시작할 당시에 케플러는 고작 스물네 살의 젊은이에 지나지 않았다. 비록 케플러가 대학 교육을 마쳤다고는 하지만 그는 여전히 수학 교사에 불과했고 미래도 불투명한 풋내기였다.

　자신이 바르바라에게 어울리는 배우자라는 주장이 뮐러 씨에게 쉽사리 통할 수 있을까? 그것은 장담하기 어려운 일이었다. 뮐러 씨는 사업가였다. 그는 현실을 냉정히 바라보는 실리적인 사람이었다. 바르바라는 재정적인 여유가 있는 데 반해 케플러는 돈 한 푼 없는 일개 서생이었다.

결혼의 기쁨과 첫아이를 잃는 슬픔

아마도 1596년 1월경이었을 것이다. 개신교 공동체에서 존경받던 대표들이 욥스트 뮐러와 케플러의 상견례 자리를 마련했다. 그들은 뮐러에게 케플러를 소개하며 바르바라의 신랑감으로 손색없는 젊은이라고 그를 치켜세웠다.

케플러는 그들에게 자신의 혼사를 맡겨 놓고 뷔르템베르크로 먼 여행길에 올랐다. 뷔르템베르크에 머물던 6월 케플러에게 대표들은 희소식을 전했다. 마침내 허락을 받아 냈다는 소식이었다. 그들은 어서 그라츠로 돌아오라는 귀띔도 잊지 않았다. 그리고 약혼녀와 케플러가 결혼식 날 입을 비단 예복, 비단이 아니라면 적어도 두 겹 호박단 예복이라도 사 오라고 했다. 약혼녀는 그가 돌아오는 길목인 울름 시에 살고 있었다.

그러나 케플러는 자신의 새로운 우주 모형 제작에 차질이 생겨 여름 내내 시일을 지체하는 사이 결혼 계획도 물 건너가고 말았다. 케플러가 나타나지 않자 뮐러 씨는 딸을 위해서는 오히려 잘된 일이라고 마음을 다잡았다.

케플러가 그라츠로 돌아온 가을, 그가 오래도록 갈망한 결혼 계획은 물거품처럼 사라져 없던 일이 되고 말았다. 운이 좋았던지 이번에는 학교와 교회가 케플러의 편에 서서 도움을 주었다.

뷔르템베르크로 떠나기 전 케플러는 바르바라에게 이미 결혼을 약속한 상태였다. 1597년 1월 중순에 이르러 케플

요하네스 케플러와 그의 아내 바르바라를 그린 소형 초
상화. 시기는 두 사람의 결혼식 전후일 것으로 추정된다.

러는 교회에 간청했다. 교회가 나서서 바르바라의 아버지 뮐러를 설득해 주든지 아니면 자신이 결혼 약속을 지킬 필요가 없다고 해 주든지 양자택일을 해 달라는 것이었다. 교회는 신속하게 상황을 되돌려 놓았다. 1597년 2월 9일, 엄숙한 분위기 속에서 결혼 서약식이 치러졌고, 같은 해 4월 27일 두 사람은 결혼식을 올렸다.

비록 짧은 기간이었지만 케플러의 가정에는 기쁨이 넘쳐흘렀다. 학교 당국은 케플러에게 은잔과 함께 연봉 50플로린 인상, 즉 1년 봉급 200플로린이라는 결혼 선물을 선사했다. 학교 교정에 있는 숙소를 떠나 신혼살림을 차릴 수 있게 배려해 준 것이다.

케플러는 일곱 살 난 의붓딸 레기나를 사랑으로 대했다. 바르바라는 곧 임신을 했고 1598년 2월 2일 아들을 낳았다. 아이에게는 하인리히라는 세례명을 지어 주었다. 케플러의 아버지와 남동생의 이름이기도 했다.

케플러는 점성술로 첫 아이의 인생을 점쳐 보았다. 아이는 아버지와 닮은꼴이었다. 단 좋은 쪽으로만 그랬다. 아이는 매력 있고 기품 있는 성격에 날렵한 몸매와 영민한 머리, 수학과 공학 쪽 적성을 타고난 것 같았다. 그러나 태어난 지 두 달 만에 아이에게 돌이킬 수 없는 불행이 닥쳤다. 갓난 아들 하인리히가 병으로 숨을 거둔 것이다. "시간이 지나도 아내는 그날의 슬픔을 잊지 못했다"고 적으며 케플러는 〈전도서〉 1장 2절을 인용했다. "'헛되고 헛되다. 모든 것이 헛되다' 는 구절이 내 가슴을 후벼 팠다."

갈릴레오 갈릴레이의 편지

신혼의 행복한 나날들에 발맞추어 그의 책 첫 인쇄본도 모습을 드러냈다. 복잡한 인쇄 작업 탓에 1597년 3월에야 완성됐던 것이다. 두께는 얇지만 제목만큼은 긴 책이었다. 책 제목은 『우주의 신비를 담은 우주 구조론의 선구자: 기하학의 다섯 정다면체를 통해 고찰한 천구의 놀라운 비례와 천체의 숫자·크기·운동 주기의 자세한 원인에 대한 증명』이었다. 원래의 라틴어 제목을 축약해 대략 『우주의 신비』라는 제목으로 통하는 책이다.

케플러가 그 책에 '선구자'라는 제목을 붙인 데는 이유가 있었다. 그는 장차 코페르니쿠스 관련 논문을 연속적으로 저술할 예정이었다. 자신이 처음 발견한 내용을 담고 있는 책이었다. 따라서 그는 그 책을 먼저 출간해 사람들의 반응이 어떤지를 알고 싶어 했다.

드디어 케플러는 천문학자들의 반응을 알아보기 위해 책을 발송하기 시작했다. 마구잡이로 이탈리아로 보낸 책 두 권이 어찌어찌하여 파도바 대학의, 당시에는 이름도 거의 알려지지 않은 수학 교수의 손에까지 들어가게 되었다.

그는 케플러에게 솔직한 마음이 담긴 편지를 보냈다. 자신 역시도 몇 해 전부터 코페르니쿠스를 지지해 왔으며, 지구 운동에 대한 물리적인 증거를 확보했지만 아직 아무에게도 그런 사실을 말한 적이 없다는 것이었다.

Prodromus

DISSERTATIONVM COSMOGRA-
PHICARVM, CONTINENS MYSTE-
RIVM COSMOPHI-
CVM,

DE ADMIRABILI
PROPORTIONE ORBIVM
COELESTIVM, DEQVE CAVSIS
cœlorum numeri, magnitudinis, motuumque pe-
riodicorum genuinis & pro-
prijs,

DEMONSTRATVM, PER QVINQVE
regularia corpora Geometrica,

A

M. IOANNE KEPLERO, VVIRTEM-
bergico, Illustrium Styriæ prouincia-
lium Mathematico.

Quotidiè morior, fateorque: sed inter Olympi
Dum tenet assiduas me mea cura vias:
Non pedibus terram contingo: sed ante Tonantem
Nectare, diuina pascor & ambrosiâ.

Addita est erudita NARRATIO M. GEORGII IOACHIMI
RHETICI, de Libris Reuolutionum, atq; admirandis de numero, or-
dine, & distantijs Sphærarum Mundi hypothesibus, excellentissimi Ma-
thematici, totiusq; Astronomiæ Restauratoris D. NICOLAI
COPERNICI.

TVBINGÆ.
Excudebat Georgius Gruppenbachius,
ANNO M. D. XCVI.

케플러의 첫 저서 『우주의 신비』의 초판 표지. 발행 연도는 1596년(MDXCVI)이라고 찍혀 있지만 인쇄 작업은 1597년에야 끝났다.

일부 사람들에게는 불후의 명성을 얻었지만 대다수 사람들에게는 조롱받고(바보들은 숫자가 많은 법이므로) 야유 받아 마땅한 인물로 낙인찍혀 무대에서 내쫓긴 우리들의 스승 코페르니쿠스의 운명이 떠올라 두려웠기 때문입니다.

그 낯선 사람에게서 받은 편지가 케플러에게는 특히 인상적이었다. 성과 이름이 똑같은 인물. 마치 성과 이름이 마주 보며 서로 메아리를 울리는 것 같았다. 그가 바로 갈릴레오 갈릴레이였다.

케플러는 갈릴레오에게 코페르니쿠스에 대한 지지 입장을 대외적으로 천명하라고 강력히 권고했다. 케플러는 편지에 "갈릴레오 교수님, 자신감을 가지십시오. 그리고 발걸음을 떼세요. 제 짐작이 맞는다면 유럽의 수학자들 가운데 우리를 외면할 분은 거의 없을 것입니다. 진리의 힘은 그렇게 위대한 법입니다"라고 썼다. 그러나 갈릴레오는 오래도록 침묵을 지켰다. 케플러는 몇 년이 지나도 그로부터 답장을 받을 수가 없었다.

신우주설 제창자 논쟁에 휘말리다

이후로 케플러는 거친 언쟁과 추문에 휘말렸다. 어쩌면 그에게는 후회막급한 일이었을지 몰라도 그의 인생에는 지대한 영향을 미친 사건이었다.

케플러에게 책을 요청한 사람 중에 제국 수학자 니콜라

갈릴레오 갈릴레이
(1564~1642)
이탈리아 르네상스 말기의 물리학자·천문학자·철학자. 물체의 낙하 속도가 무게에 비례한다는 아리스토텔레스의 잘못을 증명하였으며, 물체 운동론을 연구하여 관성의 법칙, 낙하 물체의 가속도가 일정하다는 사실, 탄도가 포물선을 그린다는 사실 등을 밝혔다. 1609년에 망원경을 제작하여 달의 산 계곡 및 태양의 흑점, 목성의 위성 따위를 발견하였으며, 지동설을 주장하여 교황청으로부터 종교 재판을 받았다. 저서에 『천문 대화』, 『신과학 대화』 등이 있다.

스 라이머라는 사람이 있었다. 그의 라틴어 성은 우르수스로 '곰'이라는 뜻이었다. 케플러는 자신이 발견한 바에 대해 그에게 편지를 보냈지만 1년 반 동안 그에게서 아무런 답장도 받을 수가 없었다. 그러던 그가 이제야 난데없이 관심을 보인 것이다.

그러나 케플러는 우르수스의 속셈을 모르고 있었다. 우르수스는 케플러를 인질 삼아 덴마크 귀족 신분의 유럽 최고의 천문학자 티코 브라헤와 비열한 지적 논쟁을 벌이려는 흑심을 품고 있었던 것이다.

두 사람은 자신이 신우주설의 제창자라고 설전을 벌이고 있었다. 신우주설은 행성들이 태양 주위를 공전한다는 점에서는 코페르니쿠스의 체계와 동일했지만 여전히 지구가 우주의 중심이고, 행성들을 거느린 태양이 지구 주위를 회전한다는 점에서 달랐다.

케플러는 순수한 의도에서 그러나 자신이 무슨 말을 하고 있는지는 전혀 모른 채, 이전에 우르수스에게 쓴 편지에서 다음과 같이 말한다. "저는 당신의 가설이 마음에 듭니다." 우르수스는 마치 케플러가 자신의 생각을 지지하는 것처럼 보이게 하기 위해, 자신의 저서 『천문학적 가설에 대하여』(1597)에 케플러의 편지를 그대로 옮겨 실을 계획이었다.

우르수스는 사람됨이 이악스러웠다. 일자무식 돼지치기의 아들로 태어나 천신만고 끝에 비천한 신분에서 제국 수학자로 발돋움한 위인이었다. 그런 그가 특권 귀족 티코

신우주설
신우주설은 티고 브라헤도 제창하던 체제다. 브라헤는 지구 공전을 증명하는 방법으로 항성의 연주시차를 제시하고 실제로 측정하려고 노력하였으나 당시로서는 장비가 부족하여 성공하지 못하였다. 이 때문에 코페르니쿠스의 지동설을 부정하고, 지구가 우주의 중심이라고 믿었다. 다만 지구 주위를 달과 태양이 공전하고, 행성은 다시 태양 주위를 공전한다는 신우주설을 제창하였으나 이를 따르는 사람은 별로 없었다.

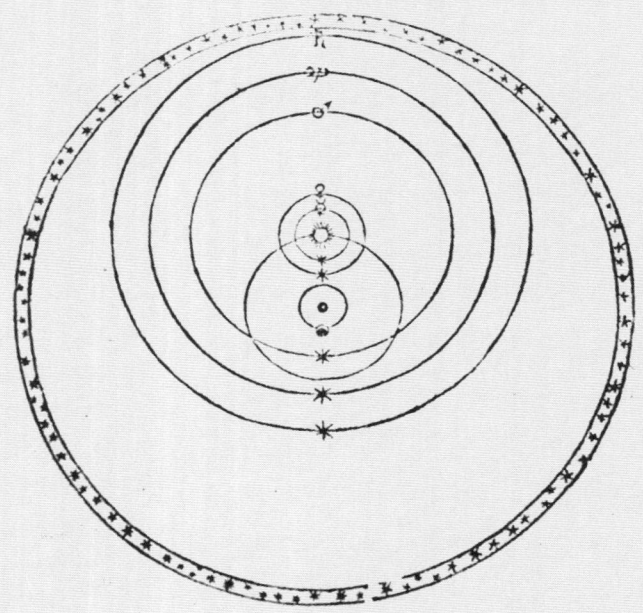

티코가 『최근 에테르계에서 일어난 새로운 현상』에서 소개한 자신의 우주 체계. 지구는 별들이 박힌 (맨 가장자리) 천구의 중심에 자리 잡고 있다. (우주의 중심은 지구이므로) 태양과 달은 지구 주위를 돈다. 그러나 행성들은 태양 주위를 돈다.

브라헤가 자신을 학문적 절도범으로 지목하도록 가만 내 버려 둘 리가 없었다.

티코와의 1년이 넘는 서신 왕래

『천문학적 가설에 대하여』 속표지에 우르수스는 제사(題詞)를 한 줄 박아 넣었다. "새끼들을 떠나보냈던 어미 곰이 이제야 그들과 상봉하는구나." 자신의 성 '곰'을 이용한 중의적 표현이었다. 암시하는바 그대로 노골적인 공격이었다.

그는 책에서 어느 한 줄 정중함을 잃지 않았지만, 행간마다 티코 집안에 대해 의설스러운 암시를 던지며 티코 브라헤가 근자에 덴마크를 떠난 것도 끔찍한 범죄를 저질렀기 때문이라는 상상을 교묘히 부추겼다. 참다못한 티코 브라헤는 우르수스의 책을 있는 대로 수거해 불태웠다. 화를 면한 우르수스의 책은 몇 권에 불과했다.

그런 사정을 알 리 없는 케플러는 순진하게 티코 브라헤에게 자신의 책을 보내려 하고 있었다. 케플러는 티코의 반응이 자못 궁금했다. 티코는 북부 독일에 가 있었기 때문에 케플러의 편지는 한참이 걸려서야 티코의 손에 들어갔다. 그런데 무슨 운명의 조화였는지 우르수스가 새로 출간한 그 끔찍한 책과 같은 날 도착했다. 티코는 평소에도 성격이 온화한 편이 아니었다. 그러나 그는 사뭇 차분히 대응했다.

그는 우르수스가 '남을 중상모략이나 하는, 범죄나 다름없는 출판물'에 케플러의 편지를 이용했다는 사실을 케플러가 알고 있었다고는 생각할 수 없다고 편지에 썼다. 티코 쪽에서 원한 것은 단 하나, 우르수스의 소행에 대한 케플러의 의견이 담긴 언질이었다. 티코는 우르수스에 대한 소송에 케플러의 언질을 이용할 계획이었다.

티코는 케플러의 책을 대략 훑어본바 독창적인 생각이기는 하지만 코페르니쿠스 체계에 따른 부정확한 행성 거리 측정값으로는 그의 목적을 성취하기에 부족할 것이라는 소견을 전해 왔다. 그러나 티코는 자신이 천문학자로서 평생에 걸쳐 축적한 정확한 관측 자료들을 케플러가 마음껏 이용해도 좋다고 허락했다. 케플러에게 이것은 가슴 짜릿한 기회였다.

그 일 이후 케플러는 줄곧 자신이 티코를 직접 만나야 한다고 생각했다. 그러나 그들은 1년이 넘도록 편지로만 의견을 교환했다. 우르수스와 관련된 불미스러운 일을 진즉에 해결하려 했다면 케플러는 티코를 편지가 아니라 몸소 만났어야 했을 것이다.

개신교에 대한 박해가 시작되다

케플러가 자신의 연구와 관련해 티코 브라헤를 만나 상의해야겠다고 깨달은 바로 그때 슈타이어마르크에서는 티코 브라헤의 품으로 케플러를 떠밀 또 다른 사건이 진행 중이었다.
 결혼 직후 케플러는 매스틀린에게 짧은 안부 인사를 전했다.

 아내의 엄청난 자산과 처가댁 친지 분들 덕택에 이제 저도 이곳 슈타이어마르크 사람이 다 돼 갑니다. 그러나 이곳은 더 이상 루터파 신자들의 안전지대가 아닙니다.

 케플러는 이같이 정황을 설명했다.
 장성한 대공 페르디난트 2세가 몇 달 전부터 중부 오스트리아를 다스리게 되었다. 오스트리아의 한 지역인 그곳에는 슈타이어마르크도 포함되어 있었다. 페르디난트 2세의 부왕 샤를은 자기 영내 개신교도들에게 관용적이었지만 페르디난트 2세의 모후는 달랐다. 열렬한 가톨릭 신자였던 그녀는 남편의 그와 같은 양보를 철회하고자 했다.
 페르디난트 2세는 가톨릭 지역인 바이에른에서 성장해, 예수회 교사의 지도 아래 잉골슈타트에서 교육을 받았다. 그가 아우크스부르크 화의에 따른 권리를 주장해 자기 영내 주민들은 모두 자신의 종교를 따르라고 위협하지 않을까 하는 것이 케플러의 걱정거리였다. 그런 걱정은 기우가 아니었다.
 일찍이 케플러가 그라츠에 머물던 시절에도 긴장감은 감돌았다. 그렇지만 왕자는 드러내 놓고 무리한 정책을 강행하지는 않았다. 그러나 1598년 여름, 로마에서 왕자가 교황 클레멘트 8세를 만난 직후 사태는 돌변했다. 자신의 영토를 가톨릭으로 되돌리기로 맹세한 왕자는 개신교도들을 대상으로 본격적인 작업에 들어갔다. 이탈리아에서 돌아온 왕자를 개신교 신자들은 두려운 눈으로 바라보았다. 그가 이탈리아 군대를 선두에서 이끌며 귀국했다는 소문이 파다했다.

페르디난트 2세가 귀국하자 긴장은 고조됐다. 가톨릭교도와 개신교도들 간에는 충돌이 일어났다. 힘의 균형은 오랫동안 개신교 쪽으로 기울어 있었다. 개신교 측에서는 진행 중인 사태 변화를 감지하지 못하고 가톨릭교 측에 대해 경솔한 악담을 퍼부어 댔다.

케플러는 자신의 교우들이 스스로 파멸을 자초하는 모습을 참담한 심정으로 바라보았다. 교황을 상스럽게 희화한 풍자화가 사방에 돌아다녔다. 개신교 목사들은 설교에서 음탕한 몸짓으로 마리아 숭배를 조롱했다. 곧 용의자들이 검거됐다. 불쌍하게도 개신교 환자들은 병원 치료도 거부당했다. 개신교 신자들의 장례식에는 무거운 세금을 부과했다.

개신교도들의 저항

드디어 파국을 알리는 서막이 열렸다. 도시의 최고 성직자이던 가톨릭 수석 사제는 결혼식과 교우회를 비롯해 개신교의 모든 일상적 종교 의식을 금했다. 개신교도들은 대공 페르디난트 2세에게 호소했으나 오히려 사태를 더욱 악화시키는 결과를 낳을 뿐이었다.

1598년 9월 13일 대공은 개신교 계열의 대학과 모든 교회와 학교 목사들에게 14일 이내로 해산하라는 명령을 내렸다. 열흘 후 대주교는 모든 개신교 교사와 목사에게 일주일 내로 도시를 떠나지 않으면 사형에 처하겠다는 칙령을 내렸다.

개신교도들은 저항했다. 그들은 슈타이어마르크 주 대의원 회의를 소집했다. 변호인단은 대공에게 명령 철회를 간곡히 청원했다. 명령 철회 대신 대공은 다시 한 번 아연실색하게 하는 칙령을 내린다.

1598년 9월 28일 대공은 칙령을 반포한다. 모든 대학의 목사와 교장, 교직자들은 그날 해질녘까지 그라츠 시와 그 인근 영내를 떠나야 하며, 지난번 대주교가 고시한 마감 시한 일주일 이내로 슈타이어마르크에서 모두 썩 꺼져야 한다는 것이었다. 만일 다시 모습을 드러내는 자가 있으면 "사지를 찢어 죽일 것"이라는 엄명이었다.

케플러와 그의 동료들 역시 추방당했다. 그들은 간소한 생필품만을 챙겨 아내를 뒤에 남겨 둔 채 황급히 지방으로 피신했다. 그들은 언젠가 상황이 풀릴 날만 기다리고 있어야 할 처지가 되었다. 그러나 케플러에게만은 귀환이 허락되었다.

티코를 만나기 위해 프라하로 떠나다

10월 말 케플러의 귀환을 허락해 주십사 하는 탄원이 받아들여졌다. 어디로 피신해 있었는지는 알 길이 없지만 어쨌든 그는 그라츠 시로 돌아왔다.

그는 수학 교사와 지역 수학자를 겸직하고 있었다. 그중 지역 수학자라는 업무 덕택에 그는 그라츠 시로 돌아올 수 있었다. 그의 친구들과 지지자들이 탄원서를 제출했던 것이다. 케플러는 한동안 안전을 보장받았다.

당국은 고삐를 늦추지 않고 그라츠 시 개신교도들을 탄압했다. 그들의 신앙생활은 금지되었다. 개신교 성직자를 내쫓지 않은 지방 귀족 영내에서 열린 예배에 참석했을 뿐이었는데도 그것마저 즉시 금지됐다. 개신교도의 자녀들은 가톨릭 신자로 세례를 받아야 했으며 결혼식도 가톨릭 의식에 따라야 했다.

이 같은 가혹한 처사에 직면하기에 앞서 케플러는 둘째 아이를 잃는 슬픔을 맛보아야 했다. 1599년 6월에 태어난 딸아이의 이름은 수산나로, 아이는 겨우 생후 35일 만에 숨을 거두고 말았다. 그는 벌금형을 감수하면서까지 가톨릭식 장례를 거부했다. 상소를 통해 벌금은 절반으로 줄었지만 죽은 아이를 땅에 묻으려면 벌금부터 내야 했다.

루터의 독일어 번역 『성서』를 비롯해 모든 '이단' 서적들은 금서로 묶였다. 연구도 검열 대상이었다. 문지기들이 문을 지키고 서서 금서 소지 여부를 검사했다. 그라츠 시에서는 어마어마하게 큰 장작불을 피워 놓고 1만 권에 달하는 압수 서적들을 여봐란듯이 불태워 버리는 장관을 연출했다.

교사직을 떠나 있던 케플러는 그 장엄함 불구경으로 들썩이는 거리의 소란스러운 분위기를 피해 약 20년이나 지나야만 책으로 나올 수 있었던 우주의 조화에 대해 깊이 사색했다. 그러나 그의 눈길은 탈주로를 향하고 있었다.

케플러는 부질없는 짓인 줄 알면서도 혹시나 하고 튀빙겐 대학에 빈자리가 있는지 문의해 보았다. 케플러는 티코 브라헤가 프라하에 입성하여 새 제국 수학자의 지위에 올랐으며 우르수스는 도시를 도망치듯 빠져나갔다는 사실을 알 수 있었다.

12월 티코는 케플러에게 천문학에 대해 상의하고 싶으니 한번 만났으면 한다는 뜻을 전했다. 1600년 1월 우연히 기회를 얻어 케플러는 프라하로 떠났다. 요한 프리드리히 호프만 남작과 동행하는 길이었으므로 여비 걱정도 없었다. 케플러는 그 기회를 놓칠세라 남작의 프라하 여행길에 동승하기로 했다.

티코가 다시 한 번 초청의 뜻이 담긴 편지를 보냈을 때 케플러는 이미 프라하로 가는 길에 올라 있었다.

새로운 천문학의 시대 3

1586년, 46세이던 티코 브라헤의 초상화. 그를 둘러싼 아치에는 그와 관계가 있던 주요 귀족 가문의 문장을 그려 넣었다.

1600년 1월 11일 케플러는 티코 브라헤를 만나기 위해 그라츠를 떠나 프라하로 향했다. 그 후 약 열흘이 지나 일행은 신성로마제국 황제가 머무는 도시 프라하에 도착했다.

언덕 높은 곳에서 도시를 굽어보고 있는 흐라트신 황궁은 성채와 대성당과 제국의 관공서가 이리저리 한데 얽혀 한 몸을 이룬 성이었다. 권력 관계에 분명한 선을 긋겠다는 듯, 성 주변의 흐라트차니 지역에는 귀족들의 대저택과 각국 대사들의 관저가 모여 있었다. 그 아래로는 공인들과 관료들이 거주하는 도시가 언덕부터 블타바 강까지 펼쳐졌다.

도시는 긴 석조 다리를 타고 강을 넘어 귀족적인 옛 시가지 스타레메스토를 지나 새 시가지인 노베메스토로 이어졌다.

그라츠와 비교하면 프라하는 좁고 악취를 풍겼다. 시내 거리 곳곳에 들어선 시장 때문인지 번잡하고 어지러웠다. 프라하는 그 자체는 물론이고, 번영을 구가하는 보헤미아의 수도라는 점에서도 중요한 도시였다. 그러나 동시에 황제가 머무는 도시로서, 국제적인 인사에서 대사, 귀족, 권력을 노리는 자들, 권력에 빌붙는 자들뿐만 아니라 학자, 예술가, 연금술사, 고급 기술자들이 모여드는 도시이기도 했다.

천문학의 역사를 바꿀 티코와 케플러의 만남

 티코는 프라하를 벗어나 그 북동쪽의 교외에 위치한 베나트키 성에 머물고 있었다. 황제가 자유로이 사용하도록 허락한 곳이었다. 따라서 자신이 현재 프라하에 머물고 있음을 알리는 케플러의 전갈은 티코에게 조금 늦게 도착했다. 다음 날 티코는 아들 티코 2세와 믿음직한 동료 프란 탱나겔을 프라하로 보내 케플러를 마차로 모셔 오도록 했다.

 1600년 2월 4일에 있었던 티코 브라헤와 요하네스 케플러의 만남은 과학사에서는 대단히 중요한 의미를 지닌다. 두 사람은 많은 점에서 영 딴판인 인물이었다. 티코는 귀족 계급으로 자신만만하고 독재적이며 일전을 불사하는 인물이었다. 케플러는 평민 계급으로 솔직담백하고 사색적이며 평화를 중시하는 인물이었다. 그러나 두 사람은 마치 열쇠와 자물쇠가 맞듯 서로 꼭 들어맞는 사람들이었다.

 티코는 관측가였다. 그는 35년이 넘는 세월 동안 천체를 관측했고, 이를 토대로 쓴 저작만 해도 20권에 달했다. 반면 케플러는 신출내기 이론가였다. 자기 이름으로 출간한 저서는 고작 얇은 책 한 권이었다. 물론 고도로 사색적이고 이론적인 책이었다. 둘 다 재능이 뛰어났고, 각자의 재능이 상대방의 재능을 더욱 보완해 줄 수 있다는 장점이 있었다. 그리고 어쩔 수 없이 그곳에 와 있기는 둘 다 마찬가지였다.

티코는 자신을 후원했던 덴마크 국왕과 한바탕 건방진 태도로 언쟁을 벌인 후 조국 덴마크와 인연을 끊었다. 그는 이제는 돌아갈 조국이 없어진 일개 국외자 신세로 전락했다. 케플러는 무자비한 종교 탄압이 벌어지는 슈타이어마르크의 숨 막히는 분위기에서 피신해 있는 처지였다. 그날 그곳에서 이루어진 두 사람의 만남은 천문학의 역사를 바꾸어 놓은 만남이기도 했다.

티코는 확실히 유별난 인물이었다. 우선 케플러의 눈에 띈 것은 티코의 코였다. 티코는 금과 은을 섞어 사람의 피부색을 띠게 만든 보철용 인조 코를 달고 있었다. 학창 시절 결투가 남겨 준 기념물이었다. 티코는 이제는 군데군데 희끗희끗해져 가는 붉은색 머리를 바짝 자르고, 말끔히 손질한 턱수염에, 긴 손잡이처럼 치렁치렁 늘어진 콧수염을 매달고 있었다. 그는 거만했고 뽐내기를 좋아했다.

티코를 돕기 위해 모인 연구진

티코는 각자의 지역을 소유하고 경영하고 있던 덴마크에서 최상류층 집안의 아들로 태어났다. 그는 덴마크 국왕의 아낌없는 지원으로 사상 유례가 없었던 우라니보르그 천문대를 세우고 자신의 천문 연구를 보좌할 학자들과 기술자들을 대거 고용했다.

그는 최근 20년 세월의 대부분을 자기 개인 소유의 섬에 틀어박혀 행성에 대해 전례 없이 정확하고 완전무결한 관

우라니보르그 천문대

'하늘의 도시'라는 뜻의 우라니보르그 천문대는 당시로서는 세계에서 가장 잘 설비된 천문 관측소였다. 망원경이 사용되기 전의 세계 천문학 사상 가장 훌륭한 관측 기록을 남겼다. 하지만 망원경이 출현한 후에 이 천문대는 거의 사용되지 않았고 17세기 초에 일어난 30년 전쟁 때 소실되었다.

측 자료를 수집해 그것을 토대로 천문학을 완전히 개혁하고자 힘을 쏟아 붓고 있었다. 물론 덴마크 국왕 역시 자신의 황금을 엄청나게 쏟아 부어야 했다.

 티코는 조수들을 훈련시키고, 기구 제작자들을 길러 냈으며, 대리인들을 파견해 천문학 관련 저서와 사본을 수집하도록 했다. 그런데 20년 세월에 걸친 천문학 연구 활동이 드디어 눈앞에 결실만을 남겨 놓았을 무렵, 국왕은 갑자기 지원금을 줄여 나갔다. 이 때문에 그는 덴마크를 떠나 새로운 후원자를 찾아 나섰던 것이다. 애매한 상태에서 몇 년의 세월을 허비한 끝에 그는 가장 중요하고도 헌신적인 후원자로부터 지원을 보장받았다. 바로 신성로마제국 황제인 루돌프 2세였다.

 케플러가 도착했을 당시 베나트키 성에서는 공사 작업이 한창 진행 중이었다. 티코는 거대한 천문 관측기구들이 아직 다 설치되지 못한 상태에서는 절대 마음을 놓을 수가 없었다. 목수들과 석공들은 관측기구들이 제자리를 잡을 수 있도록 성을 개조하는 중이었다. 남쪽으로 이저 강과 평원 지대가 함께 내려다보이는 가파른 벼랑을 따라 기구들이 서로 연결되어 수직으로 올라가고 있었다. 티코는 다시 한 번 힘을 발휘해 '새로운 우라니보르그 천문대'를 세우고자 했던 것이다.

 티코를 돕기 위해 모인 연구진은 규모도 대단했고 인적 구성도 다양했으며 무엇보다도 그들은 열심히 일했다. 티코 2세와 프란 텡나겔 외에도 덴마크 출신의 유능한 천문

우라니보르그 천문대

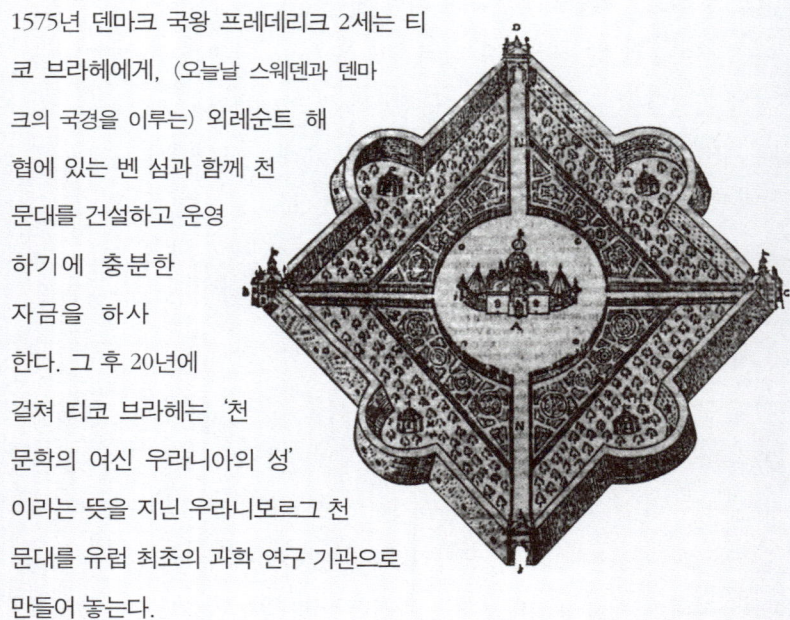

1575년 덴마크 국왕 프레데리크 2세는 티코 브라헤에게, (오늘날 스웨덴과 덴마크의 국경을 이루는) 외레순트 해협에 있는 벤 섬과 함께 천문대를 건설하고 운영하기에 충분한 자금을 하사한다. 그 후 20년에 걸쳐 티코 브라헤는 '천문학의 여신 우라니아의 성'이라는 뜻을 지닌 우라니보르그 천문대를 유럽 최초의 과학 연구 기관으로 만들어 놓는다.

1576년부터 건설에 착수해 르네상스 양식으로 축성한 우라니보르그 천문대에는 티코의 의도가 잘 반영되어 있었다. 무엇보다 특징적인 것은 복합 2층 구조로 설계한 천문 관측대였다. 개방 가능한 원뿔형 지붕이 덮고 있는 관측대에는 관측기구들이 영구 고정되어 있었다.

그곳에는 도서관도 있었다. 도서관에는 지름 1.5미터짜리 대형 황동 천구의가 있었다. 천구의에 앉아 티코는 인내심을 가지고 눈금을 조절했다. 별들의 위치에 대해 만족할 만큼 정확한 측정값을 얻었을 때에야 비로소 눈금을 멈췄다. 맨 아래층에는 다양한 연금술 실험을 할 수 있는 용광로 16개가 있었다. 3층 박공(기울어진 지붕 양끝과 바닥면이 만나는 삼각형 공간!) 아래에 위치한 작은 방 8개는 학생들과 연구원들을 위한 숙소였다.

티코는 기구 제작소도 운영하고 있었다. 그곳에서 그는 계속해서 더욱 정교하고 정밀한 기구들을 제작했다. 그리고 인쇄소도 있었다. 따라서 그는 새로 발견한 사실을 책으로 출판할 수 있었다. 티코는 성벽 망루에 감옥까지 갖춰 놓고 있었다. 그것이 전부가 아니었다. 섬에는 전용 제지소와 양어장도 있었다.

그런 다음 티코는 별도의 천문대를 하나 더 세우기로 했다. 바람의 영향을 피해 더욱 거대한 관측기구를 설치할 천문대였다. 그 지하 천문대에는 '별들의 성'이라는 뜻으로 스티에르네보르그라는 이름을 붙였다. 그곳에는 티코가 제작한 가장 거대하고 섬세한 기구가 자리를 잡았다.

학자 크리스티안 세베린 롱고몬타누스가 있었다. 그는 학자로서의 생애를 온전히 티코에게 바친 사람이었다. 브란덴부르크 선제후의 수학자이던 요하네스 뮐러가 가족들과 함께 다음 달 성에 도착함으로써 케플러는 서열 순위에서 한참 아래로 밀려났다. 티코의 보통법상의 아내 키르스텐 외르겐스닷테르와 그의 다른 자녀들을 비롯해 다른 다양한 보조 연구자들과 하인들로 좁은 성은 북적거렸다.

화려한 티코와 무기력한 케플러의 대비되는 생활

그런 광경에 적잖이 당황한 케플러는 티코가 거느린 수많은 사람들 틈바구니 속에서 자신의 존재감을 잃어 갔다. 케플러가 고대했던 공동 연구 작업도 이루어지지 않았다. 케플러가 이곳에 온 이유는 티코가 확보한 최고급 관측 자료를 통해, 자신이 『우주의 신비』에서 제시한 다면체 우주 구조 가설을 검증하고 발전시키기 위해서였다.

그러나 티코는 자신의 자료를 케플러에게 쉽사리 내보이지 않았다. 케플러 생각에 티코는 아무래도 자신에게 자료를 넘길 생각이 없는 것 같았고, 자신을 그렇게 믿는 눈치도 아니었다. 특히 자신이 우르수스의 끄나풀은 아닐까 의심하는 눈치였다.

학자로서의 경력상 이제 티코는 다년간에 걸친 관측 자료에 대한 분석에 시간을 투자해 원자료로부터 정밀한 행성 이론을 추출할 단계에 와 있었다. 따라서 그에게는 계

선제후
신성로마제국에서 1356년에 황금문서에 의하여 독일 황제의 선거권을 가졌던 일곱 사람의 제후. 선거후라고도 한다.

산 작업을 수행할 많은 보조 연구자들이 필요했다. 그는 케플러에게 롱고몬타누스의 감독 아래 화성에 관한 이론 작업을 하도록 했다. 이 같은 상황은 케플러에게 감내하기 힘든 고통이었다.

베나트키 성의 정신없이 돌아가는 분위기 속에서 케플러는 자신이 그곳에 있어야 할 이유를 찾을 수가 없었다. 식당 2층에 다 같이 모이는 저녁 식사 자리에서 열리는 정식 회의 도중, 티코가 무심코 흘리는 행성의 원지점(행성이 지구에서 가장 멀리 있는 위치)과 교점(행성 궤도와 태양 궤도의 교차점)에 대한 언급을 통해 자신이 그토록 목말라하던 정보를 찔끔찔끔 주워듣는 것으로 만족해야 했기 때문이다.

케플러는 자신의 다면체 가설을 계속해서 발전시킬 수는 없었지만 모든 행성의 운동에 대한 자료가 필요했다. 뿐만 아니라 아무튼 화성 관측을 통해 자신의 행성 운동력 가설에 대한 연구는 이어 나갈 수 있었으므로 베나트키 성에 계속 머물기로 했다.

지구 역시 태양을 중심으로 돌고 있음을 깨닫다

몇 달 지나지 않아 그는 어느 정도 확신을 갖게 되었다. 행성이 정말로 태양에서 유래하는 힘에 의해 운동하는 것이라면 그 같은 사실은 행성 운동에 대한 기하학 이론을 통해 증명할 수 있을 것이었다.

티코 브라헤의 『최신 천체 운동론』에 실린 벽화 그림. 티코가 하늘을 가리키고 있다. 우라니보르그 천문대 내부를 소개하는 단면도에는 천문 관측실과 장서고, 대형 천구의, 하단부에는 연금술용 용광로가 보인다.

그가 깨달은 사실은 첫째, 그가 아무리 다시 생각해도 화성의 궤도는 태양의 실제 위치를 고려해야만 했으며, 그와 같은 관계는 태양이 운동의 근원이라고 가정하면 아주 잘 맞아떨어진다는 점이었다.

둘째, 더 중요하게는 화성에 대한 관측 결과를 관점을 달리해 정밀하게 재조정함으로써 지구의 궤도를 추적해 본 결과, 지구 역시 나머지 행성들과 마찬가지로 불규칙한 운동을 하고 있다는 사실이었다. 지구 역시 태양에 가까워지면 속도가 빨라지고 멀어지면 속도가 느려지기는 마찬가지였던 것이다. 그 이전 천문학자들은 지구의 운동 이론과 나머지 행성의 운동 이론 사이에 매우 유사한 공통점이 있다는 사실을 전혀 눈치채지 못하고 있었다.

사실 『우주의 신비』에서 케플러는 행성의 운동력 가설이 지구 궤도에는 들어맞지 않는다는 사실을 이미 밝히고 있었다. 그런데 지금 갑자기 지구의 운동 궤도가 행성의 운동력 가설에 확신을 심어 주고 있었던 것이다.

그와 같은 발견에 케플러는 대단히 흐뭇해했으나 티코 브라헤는 매스틀린과 마찬가지로 물리학적 분석을 통해 행성 이론을 유도하려는 케플러의 시도에 대해 완강히 반대했다.

케플러의 일시 귀향

케플러가 티코의 연구 작업에 합류한 그해 여름, 두 사람의 관계에 오점을 남기는 일이 생겼다. 케플러의 지위와 직업적 전망을 놓고 두 사람 사이에 벌어진 충돌 때문이었다. 슈타이어마르크의 상황이 어떻게 전개될지 지극히 불확실한 상황에서 케플러는 티코에게 공식적인 지위와 계약을 요구했다. 케플러의 요구에 티코는 발끈했다.

티코는 황제에게 직접 자신의 봉급을 받아 베나트키 궁을 천문대로 계속해서 개조해 나가야 하는 문제를 안고 있었다. 그러나 그는 케플러가 황제의 봉급을 보장받을 수 있도록 남몰래 손을 써 놓고 있었다. 황제에게 청을 넣어 케플러가 티코의 천문학 연구를 2년간 도울 것을 공식화하도록 했던 것이다. 이 기간 동안 케플러는 지역 수학자로서 받는 봉급 200플로린은 물론 추가로 황제에게서 100플로린을 받게 될 것이었다. 황제가 직접 지역 수학자의 임무에서 벗어나 새로운 소임을 받들라고 한 것이었으므로 슈타이어마르크 주 대의원회에서도 케플러에게 봉급을 지급할 수 없다고는 못하리라 믿었던 것이다.

미래에 대해 불투명했던 전망이 상당 부분 해소되자 그해 5월 케플러는 집으로 돌아갈 채비를 했다. 티코는 호의의 표시로, 자신의 팔촌 프레데리크 로센크란트에게 빈까지 케플러와 동행하도록 했다. 그들은 6월 1일 길을 떠났다. 남동쪽으로 보헤미아 지역을 통과해 오스트리아로 향하는 여행길에, 로센크란트 역시 할 말이 많은 사람이었다.

로센크란트 역시 티코와 마찬가지로 덴마크 귀족 집안

출신이었으나 고국과 관계가 불편한 사이였다. 왕궁의 젊은 시녀를 임신시켜 놓고는 덴마크에서 달아났다 체포된 그는 손가락 두 개를 절단할 것과 귀족 지위를 박탈할 것을 선고받았다. 그러나 그 후, 발칸 반도를 통해 쳐들어 와 오스트리아를 위협하던 투르크 이슬람교도들에 맞서 기독교도들이 벌일 대전투에 참전하는 것으로 형을 감면받았다.

친척 티코를 만나기 위해 베나트키에 들렀던 그는 오스트리아 군대에 입대하기 위해 빈으로 향하는 길이었다. 본인은 전혀 몰랐겠지만 로센크란트는 어떤 의미에서 이미 영생을 얻은 인물이었다. 1592년 외교 사절로 영국 방문에 티코와 동행했던 자신의 또 다른 친척 크누트 귈덴스티에르네에게 강한 인상을 받은 젊은 극작가 윌리엄 셰익스피어가 작품 『햄릿』에 그의 모습을 일부 반영했기 때문이다.

슈타이어마르크에서 추방당하다

화성에 대한 새로운 연구 결과에 전념하고 프라하로 돌아와 티코 브라헤와 함께 자신의 연구를 이어 나가고자 했던 들뜬 희망은 케플러가 그라츠로 돌아오자마자 곧 산산조각이 난다. 슈타이어마르크 주 의원들은 케플러가 다시 프라하로 돌아가도록 순순히 허락하지 않았다.

불안정한 분위기가 팽배한 슈타이어마르크는 케플러가 조용히 천문학 연구에 매진하기에는 적당한 장소가 아니었다. 그들은 케플러가 실용적인 분야, 예를 들어 의학 공부로 관심을 돌려 이탈리아로 떠났다가 의사로 돌아와 활동했으면 좋겠다는 결론에 도달한다.

그해 여름 케플러는 페르디난트 대공의 관심을 끌어 대공의 수학 개인교사로 채용되고자 애썼다. 대공의 친척인 신성로마제국의 황제가 티코 브라헤에게 했듯 대공도 자신에게 그렇게 해 주기를 바란 것이었지만 대공은 다른 계획을 품고 있었다.

1600년 7월 27일 공고가 게시됐다.

조만간 성직자 위원회가 그라츠에 도착할 것이다. 7월 31일 오전 6시, 모든 시민들이 출석해 자신의 신앙을 검증받아야 한다. 가톨릭이 아닌 자 혹은 가톨릭으로 개종하기를 맹세하지 않는 자는 모두 도시에서 추방될 것이다.

페르디난트 대공이 직접 위원회를 이끌고 나타났다. 그들은 교회 한가운데 커다란 탁자를 놓았다. 사흘에 걸쳐 1,000여 명도 넘는 시민들이 한 명 한 명씩 그 탁자 앞에서 자신은 어느 쪽인지 정체를 밝혀야 했다.

드디어 케플러 차례가 왔다. 케플러는 자신은 루터파 신자이며 가톨릭으로 개종할 생각이 없다는 뜻을 밝혔다. 그의 이름이 추방자 명단에 올랐다. 총 61명 중 15번째였다. 그는 45일 안에 도시를 떠나야 했다.

케플러는 떠날 준비를 했다. 어디로 갈 것이지만 정하면

되었다. 티코와의 협력 관계도 이제는 소용이 없었다. 슈타이어마르크에서 받는 봉급이 더 많다는 것을 전제로 성립한 관계였기 때문이다. 자포자기하는 심정으로 케플러는 매스틀린에게 편지를 썼다. 튀빙겐에 '시시한 교수 자리'라도 좋으니 자신이 다시 한 번 일할 만한 자리가 없겠는지를 부탁하는 편지였다.

매스틀린에게서는 아무런 대답이 없었고 그 밖에 다른 대안도 없었다. 그는 다시 프라하로 돌아가기로 했다. 티코에게서 들은 이야기가 있었다. 그가 케플러를 돌봐 줄 방안을 찾겠다는 것이었다. 실제로 그는, 둘 사이의 협력 관계에 불미스러운 일이 있었다고 하나 그런 것은 중요하지 않다는 뜻을 전함으로써 케플러의 어려운 상황을 도왔다. 망설일 일이 아니었다. 과감히 프라하로 떠나야 했다.

1600년 9월 30일 추방 마감 시한을 두 주 넘겨 케플러는 아내와 딸과 함께, 마차 두 대에 살림살이를 싣고 그라츠를 떠났다. 그렇게 케플러의 그라츠 시절은 막을 내렸다.

티코 연구진의 변화

티코의 연구진으로 돌아가면서도 케플러는 마음 한편을 짓누르는 압박감에서 벗어날 수 없었다. 티코의 호의에 전적으로 의지하자니 자존심이 허락지 않았고 자신의 상황도 너무 불안정했지만 그렇다고 달리 갈 곳도 없었다. 여행 도중 케플러는 고열에 시달렸다. 10월 19일 호프만 남작이 프라하에 도착한 일행을 맞았을 때, 케플러는 병들고 지치고 쇠약해진 상태였다.

매스틀린이 마침내 답장을 보내왔지만 튀빙겐에서 그가 직장을 얻을 가능성은 없어 보인다는 내용에 케플러는 가슴이 무너져 내렸다. 그는 침통한 심정으로 모든 것을 체념한 듯 스승에게 답장을 썼다.

선생님의 편지에 제가 순간적으로 얼마나 심한 우울함에 휩싸였는지 말로는 이루 다 설명할 수 없을 정도입니다. …… 이곳 프라하에서 저는 모든 것이 불투명합니다. 제 인생이 어떻게 될는지조차 알 수 없습니다. 단 한 가지 확실한 것이 있다면, 이곳이 제가 죽을지 살지를 결정할 장소일 것이라는 사실입니다.

고열에 심한 기침이 겹쳤다. 케플러는 자신이 결핵에 걸린 것 같아 두려웠다. 아내마저 병에 걸려 몸져누웠다.

마침내 케플러가 업무를 보기에 충분할 만큼 호전되었을 때에는 티코의 상황에도 상당히 많은 변화가 있었다. 티코는 베나트키 성에 '새로운 우라니보르그 천문대'를 건설하는 일을 중도에 포기했다. 프라하 시내에서 꼼짝할 수 없었기 때문이다.

지난해 프라하에 창궐했던 흑사병이 가라앉자 루돌프 2세는 그동안 떠나 있던 왕궁으로 돌아와 자신의 점성술사 티코 브라헤의 얼굴을 보고자 했다. 그것은 티코에게는 틀림없이 피하고 싶은 일이었을 것이다. 황제에게 점성술을 통한 미래 예지의 한계를 설득하기란 어려웠다. 그러나 황제는 자신의 후원자였다. 황제를 반드시 만족시켜야만 했다. 그는 시내의 새 거처에 자신이 가져온 기구들을 최선을 다해 설치했다.

호프만 남작 집에서 나온 케플러 가족도 어디가 되었든 거처를 마련해야 했다. 티코의 연구진에도 변화가 있었다. 수년간 티코를 위해 일하던 롱고몬타누스는 티코의 곁을 떠나 덴마크로 돌아갔다. 그는 티코의 그늘에서 벗어나 독자적으로 자신의 학자 경력을 쌓고자 했다. 요하네스 뮐러를 비롯해 티코가 붙잡아 놓으려 애쓴 그 많은 독일인들 가운데 남아 있는 사람은 단 한 사람도 없었다.

황제에게 케플러의 봉급을 요청하다

케플러의 고열 증세는 나았다 도졌다를 반복하며 1601년 봄 내내 몇 개월 동안 이어졌고 그는 자신의 화성 연구와 관련된 일을 진척시킬 수가 없었다. 고열 증세는 슈타이어마르크를 다시 방문했던 그해 여름이 되어서야 겨우 진정됐다.

케플러의 장인 욥스트 뮐러가 세상을 떠났고, 케플러는 아내가 상속받은 재산을 관리하기 위해 그곳을 다시 찾았다. 그는 아내의 자산을 현금으로 돌릴 수 있기를 바랐다. 결과적으로 헛수고를 한 셈이었지만, 대략 8월 말까지 넉

신성로마제국 황제 루돌프 2세. 티코는 황제의 점성술사로 일했다. 티코는 황제에게 그의 영광을 기리는 뜻으로 『루돌프표』라 명명할, 방대한 천문학표를 편찬하겠다고 약속했다.

달간에 걸친 방문 기간은 그에게는 진정으로 편안한 휴식 기간이었다.

프라하로 돌아온 케플러에게 티코는 제국의 공식 관직을 맡기고자 했다. 그 문제와 관련해 직시할 점이 있다. 티코에게 남아 있는 연구원은 이제 케플러가 유일했다는 사실이다. 롱고몬타누스는 훌쩍 떠나 버렸고, 텡나겔은 그해 여름 티코의 딸 엘리자비트와 결혼해 또 다른 연구자 요하네스 에릭손을 데리고 멀리 홀란트의 데벤테르로 떠났다.

티코는 케플러에게 대단한 신뢰감을 표시하며 그를 황궁으로 데려가 황제를 알현케 했다. 황제는 낯을 많이 가리는 내성적인 성격이었다. 합스부르크 왕가의 유전적인 특질인 돌출한 턱 때문에 얼굴 인상은 근엄했다.

티코는 방대한 천문학 표들을 모아 새로 편찬할 계획이라는 뜻을 밝히고 황제의 성함을 따 그 표를 '루돌프표'라고 명명할 수 있게 허락해 달라고 주청했다. 과연 대단한 연출력이었다. (프톨레마이오스 계열의) '알폰소표'와 (코페르니쿠스 계열의) '프로이센표'와 같은 위대한 천문학표들은 그 후원자들의 영원불변성을 기리기 위해 그들의 이름을 따 명명한 것들이었다. 만약 티코가 황제와 약속을 지킨다면 티코와 황제, 그들은 실로 위대한 기념물을 남기는 셈이었다.

루돌프 황제는 티코의 생각을 매우 기꺼워했다. 티코가 요구한 것은 자신의 연구원인 요하네스 케플러를 위한 봉급이 전부였을 것이다. 그러나 케플러의 봉급 건에 대한

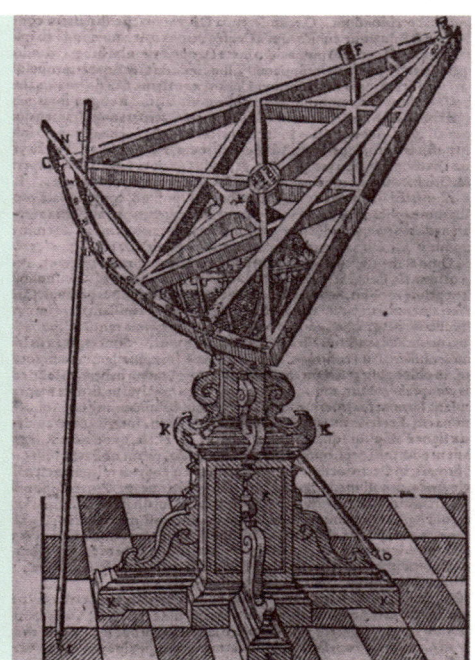

티코 브라헤가 새로 제작한 대형 적도 혼천의(왼쪽)와 삼각 육분의(오른쪽). 티코 사후 루돌프 2세 황제는 그와 같은 관측기구들에 대한 소유 및 관리 책임을 케플러에게 맡겼다.

정식 서류 절차는 세월이 지나도 감감무소식이었다.

티코의 죽음

시내로 거처를 옮긴 티코에게는 사교 모임이 늘어났다. 그는 이제 야간 천문관측은 뒷전이고 과거 귀족 시절의 소일거리로 되돌아갔다. 그는 모임에 참석해 독주를 과음하는 것으로 많은 시간을 허비했다.

1601년 10월 13일 그는 페테르 보크 로즘베르크의 저택에서 열린 사교 모임에 참석했다. 결례를 범하지 않기 위해 그는 방광이 터지도록 소변을 꾹 참으며 자리를 지켰다. 그러나 잘못된 고집은 치명적인 결과를 낳았다. 집으로 돌아갈 무렵에 이르자 그는 아예 소변을 볼 수 없었던 것이다.

곧 그가 심각한 질병에 걸렸음이 밝혀졌다. 그러나 정확히 무슨 병인지는 알 수 없었다. 조금이라도 소변을 볼라치면 찢어지는 듯한 통증이 뒤따랐고 그의 몸에는 노폐물이 쌓여 갔다. 케플러에 따르면 그의 병은 '장열(腸熱)', 아마도 오늘날 요독증에 해당하는 질병이었을 것이다. 티코는 고통으로 밤에도 잠을 이룰 수가 없었다.

자신이 곧 숨을 거두리라는 사실을 알았는지 티코는 입을 열어 케플러에게 부탁했다. 코페르니쿠스 체계보다는 티코 자신의 우주 체계 연구에 전념해 달라는 것이었다. 그러더니 곧 정신을 잃고 발작적인 흥분 상태에서 똑같은 말을 중얼거렸다. "이렇게 허무하게 죽다니, 날 살려 줘, 날 살려 주게." 그리고 마침내, 케플러가 티코의 관측일지 마지막 페이지에 기록한 그대로, 그는 세상을 떠났다.

1601년 10월 24일, 그는 몇 시간 동안 정신착란 속에 빠져들었다. 가족들은 눈물을 흘리고 기도하며 그를 진정시키려 애썼다. 그는 흥분 상태에서 벗어나 평화롭게 아주아주 먼 길을 떠났다. 그리고 이제 일생 동안 천문 관측으로 분주했던 그에게 휴식이 찾아왔다. 38년의 세월에 걸친 천문 관측도 그렇게 막을 내렸다.

11월 4일 귀족 출신인 제국 관료 열두 명이 황금과 브라헤 가문의 문장으로 장식한 고인의 관을 검은 천으로 덮어 티네 개신교 교회까지 운구했다. 고인이 생전에 누린 업적과 칭호를 황금빛 문자로 적은 검은 깃발들이 관을 호위했다. 고인의 무기와 갑옷을 든 종복과 주인 잃은 말이 뒤따랐다. 그 뒤로는 귀족, 남작, 각국 대사, 연구원, 고인의 유가족 그리고 유명 인사를 비롯해 수많은 군중들의 행렬이 이어졌다. 물론 그중에는 케플러도 끼어 있었다.

추모 행렬은 프라하 시내에 기나긴 물줄기를 이뤄 꼬리에 꼬리를 물고 끝없이 이어졌다. 교회에는 발 디딜 틈이 없었다. 시신은 교회 한 중앙, 신랑(身廊)에 묻혔다. 무덤은 완전 무장한 그의 모습을 새긴 붉은색 대리석으로 장엄하게 장식했다. 그는 아직도 그곳에 잠들어 있다.

케플러가 티코에 이어 제국 수학자가 되다

이후로 케플러가 조용히 자신의 미래를 계획할 겨를조차 없을 정도로 상황이 급박히 진행되었다. 이틀도 지나지 않아 케플러는 자신이 새 제국 수학자가 되었다는 소식을 접했다. 그뿐만이 아니었다. 그는 티코의 천문 장비 관리는 물론 티코가 완성 못한 출판물의 마무리까지 책임져야 했다. 그중에서도 가장 중요한 것은 물론 『루돌프표』였다.

사실 당시 상황에서 그와 같은 임무를 수행할 사람은 케플러밖에는 없었다. 주변 어디에도 케플러만 한 적임자가 없었을 뿐만 아니라 『루돌프표』를 함께 만들 최고 연구자라고 소개받은 것이 바로 일주일 전의 일이었다. 게다가 루돌프 황제는 관측 장비와 관측일지는 당연히 후임자가 인수인계할 것이므로 선뜻 2만 플로린이라는 어마어마한 금액을 케플러에게 하사했다.

2만 플로린이란 금액은 슈타이어마르크 시절 케플러의 수학 교사 봉급 100년치에 해당하는 거금이었다. 그 돈이면 보헤미아 12개 주 가운데 6개 주의 땅을 모조리 살 수 있었다. 그러나 황제의 궁전에서 돈이란 상징적인 숫자에 불과했다. 황제는 케플러에게 원하는 것은 무엇이든 들어주겠노라 약속했다. 그런데 아니나 다를까, 황제의 금고에서 돈을 받는 것은 전혀 다른 문제였다. 1년 연봉 500플로린을 받는 데도 케플러는 늘 어려움을 겪어야 했다.

그러나 케플러가 티코의 지위를 승계하며 받은 돈은 케

플러와 티코 브라헤의 유가족 사이에 갈등을 낳는 씨앗이었고, 이 사건은 훗날 케플러의 과학 연구 작업 방식에 커다란 영향을 미친다.

그 이듬해 여름 영국에서 돌아온 텡나겔은 티코의 유가족이 케플러에게 돈을 거의 받지 못했다는 사실을 알았다. 텡나켈은 귀족이었다. 더군다나 티코의 딸 엘리자베트의 남편이었으므로 티코의 사위이기도 했다. 따라서 그가 대표로 나서 유가족의 몫을 요구했다. 우선 그는 돈도 돈이지만 그 전에 티코의 관측일지에 대한 반환 소송을 제기해 적잖은 압력을 가할 수 있으리라고 생각했다. 그러나 그에게 또 다른 생각이 떠올랐다. 『루돌프표』 추진 비용으로 나온 돈도 있었던 것이다.

1602년 10월 텡나겔은 케플러에게 그가 받는 봉급의 갑절에 『루돌프표』에 대한 책임 권한을 자신에게 넘기라고 요구해 이를 실현시켰다. 그런 모욕을 안기는 것으로도 부족해 텡나겔은 케플러에게 또 다른 치욕을 주었다. 케플러는 근무에 태만했으며 따라서 그가 케플러의 태만함을 시정하기 위해 별도의 사람을 시켜 그를 지켜보게 해야 한다는 것이었다.

그런 점에서 황제는 두 수학자 모두를 속인 셈이었다. 어찌 보면 황제가 케플러의 일에 대한 대가로 무엇을 어느 정도 줘야 할지 의아스러워한 것도 당연했다. 케플러는 자신이 이 직분에 어울리는 사람임을 계속해서 입증하기 위해서라도 연구 성과를 내야 했다. 운명을 저울질할 순간이었다. 이해하기 따라서는 17세기 과학서 가운데 가장 중요한 저서로 손꼽히는 책 두 권이, 당시 절반 정도 완성된 케플러의 연구 작업 중에서 탄생할 것이었기 때문이었다. 케플러는 친구에게 보낸 편지에서 당시 상황을 다음과 같이 묘사한다.

나는 내 성실성을 그다지 믿는 편이 아니라서, 두 종류 연구를 의무 과제로 설정해 놓았다네. 1603년 부활절에 맞춰 준비 중인 책 하나는 '화성 이론에 대한 주석'(제목이야 얼마든지 달라질 수 있으니까) 혹은 '일반 천문학의 열쇠'가 될 것 같고, 또 다른 하나는 8주를 넘기지 않을 예정인데 '천문학의 광학적 측면'이 될 것 같군.

『천문학의 광학적 측면』의 원래 라틴어 제목은 '비텔로를 보완한 천문학의 광학적 측면에 대한 해설'이라는 뜻이었다. 이것은 1600년 여름 바늘구멍이 만드는 상에 대한 케플러의 착상에서 비롯됐다.

인간의 눈과 시각에 대한 최초의 설명

그해 초 티코는 케플러에게 달이 태양의 일부분만을 가리는 부분 일식에 대한 관측 경험을 이야기한 적이 있었다. 티코는 부분 일식을 직접 눈으로 관측하는 대신, 바늘구멍을 통과한 빛이 백지에 상을 맺게 하여 부분 일식을 관측했다. 이 같은 관측을 통해 티코는, 달이 태양을 완전히 가리는 개기 일식은 일어날 수 없다는 결론에 도달했다. 그러나 케플러는 티코의 주장을 곧이곧대로 받아들이지 않았다. 역사적으로 개기 일식에 대한 관측 기록은 넘칠 정도로 많기 때문이다.

1600년 7월 10일 그라츠에서 자기 눈으로 직접 부분 일식을 관측한 케플러는, 바늘구멍이 만든 상에 대한 구체적인 분석을 통해 올바른 결론을 내렸다. 상의 정밀도는 바늘구멍의 크기가 결정한다는 사실이었다. 따라서 티코가 왜 개기 일식의 발생 가능성에 대해 잘못된 결론에 이르게 됐는지에 대한 의문이 풀렸다. 바늘구멍의 크기 때문에 바늘구멍에 의해 맺힌 태양 상(像)의 크기가 다소 왜곡됐고, 그 결과 티코는 달이 태양을 완전히 가릴 수 없다는 결론에 이르게 됐던 것이다.

케플러의 논문 「비텔로를 보완한 천문학의 광학적 측면에 대한 해설」은 제목 그대로, 13세기 광학 이론 분야에서 교과서로 통하던 비텔로의 저서 『광학』에 대한 짧지만 멋진 보완이었던 셈이다.

2년 후 케플러는 천문 관측과 관련해 의미 있는 내용을 담은 그 논문을 몇 주일 내에 별 어려움 없이 출간할 수 있으리라 생각했다. 그러나 이 대목에서 케플러는 그만 한 번에 한 가지 일에 집중해 이를 마무리 지어 버리지 못하는 자신의 전설적인 무능력 앞에 무릎을 꿇어야 했다.

먼저 그는 천문학과 관련해 대기의 굴절 현상과 같은 광

부분 일식과 개기 일식
달이 태양의 일부나 전부를 가리는 현상을 일식이라 한다. 일부를 가리는 현상을 부분 일식, 전부를 가리는 현상을 개기 일식이라 하고, 태양의 중앙부만을 가려 변두리는 고리 모양으로 빛나는 현상을 금환식이라고 한다.

비텔로(1220~1275)
독일의 자연철학자. 아라비아 학자들과 마찬가지로 신플라톤 철학의 영향을 받았다. 신비주의적이고 근원적인 빛을 신(神)이라 생각하면서 일종의 철학인 '빛의 형이상학'을 세웠다. 빛의 현상에 흥미를 느껴 광선의 굴절이론을 연구하기도 하였다.

학적 주제를 마저 추가하고 싶어 했다. 그리고 또 있었다. 광학 연구와 병행해 진행 중이던 주제, 즉 태양과 달 사이의 거리, 태양과 달의 크기, 그리고 일식과 월식에 대해 포괄적인 내용을 담은 논문에도 도전해 보고 싶었다. 궁극적으로 그는 인간의 눈이 수행하는 기능에 대한 이해 없이 천문 관측에 대한 저술은 불가능하다고 굳게 믿었던 것이다.

태양과 달 사이의 거리 및 태양과 달의 크기에 대한 논문에는 관심을 접는 바람에 그와 같은 연구는 뒷전으로 밀려났지만, 눈의 기능에 대한 연구는 대성공을 거두었다. 바늘구멍이 만드는 상에서 한 걸음 더 나아가 케플러는 인간의 눈과 시각에 대해 최초의 옳은 설명을 내놓은 인물로 등장했다.

광학의 기본 원리를 세우다

인간이 어떻게 해서 사물을 볼 수 있는가 하는 문제는 수세기에 걸쳐 골머리를 앓게 했던 문제였다. 빛의 성질, 눈의 해부학적 구조, 광학의 기하학적 측면 등, 자연 철학자들과 광학 이론가들이 제기한 문제와 관련되어 있는 매우 복잡한 문제였다.

그동안 광학과 관련해 차곡차곡 쌓아 올린 분석 작업을 통해 케플러는 수정체가 망막에 맺힌 상을 외부 세계로 투영한다기보다는 정반대로 어떤 과정을 거쳐 광선이 안구를 채운 체액에 '포착' 되는 것이라는 사실을 깨달았다.

케플러 광학의 기본 원리에 따르면 그렇게 포착된 상은 상하가 뒤집혀 눈 안쪽에 있는 망막에 맺히는 것이었다. 물론 케플러가 그렇게 망막에 맺힌 상을 우리의 정신은 어떤 과정을 거쳐 인식할 수 있으며 또 어떻게 상하가 다시 정상적으로 바로잡혀 각막에 맺힐 수 있는지에 대해서까지 설명할 수 있었던 것은 아니다.

시각에 대한 새로운 이해를 토대로 케플러는 근시 교정용 안경과 원시 교정용 안경의 원리에 대해서도 정확히 설명할 수 있었다. 마지막으로, 빛의 성질에 대한 논문의 서론에서 그는 광원과 거리 차이에 따른 빛의 강도 변화, 즉 빛의 거리와 강도 사이에 정확한 상관관계 역시 유도할 수 있었다. 빛이 어떤 구형 광원에서 퍼져 나올 경우, 빛의 강도는 구의 표면적에는 비례하고 거리의 제곱에는 반비례한다는 것이었다.

몇몇 문제는 케플러가 아무리 풀려 해도 난공불락이었다. 예를 들어 빛의 굴절 이론, 즉 매질 변화에 따른 빛의 굴절률 변화에 대해서는 정확히 이해하기가 힘들었다. 그럼에도 케플러는 범위를 좁혀 비텔로의 『광학』과 관련된 문제들을 집중 분석해 연구를 마무리 지었다. 그러나 『천문학의 광학적 측면』은 광학 이론의 새로운 차원을 연 작업으로 17세기 광학 이론에 기초를 마련해 준 역작이었다. 자신이 '그 자리에 어울리는 사람임을 입증' 해야 했던 그에게도 꽤 괜찮은 성과로 남는 업적이었다.

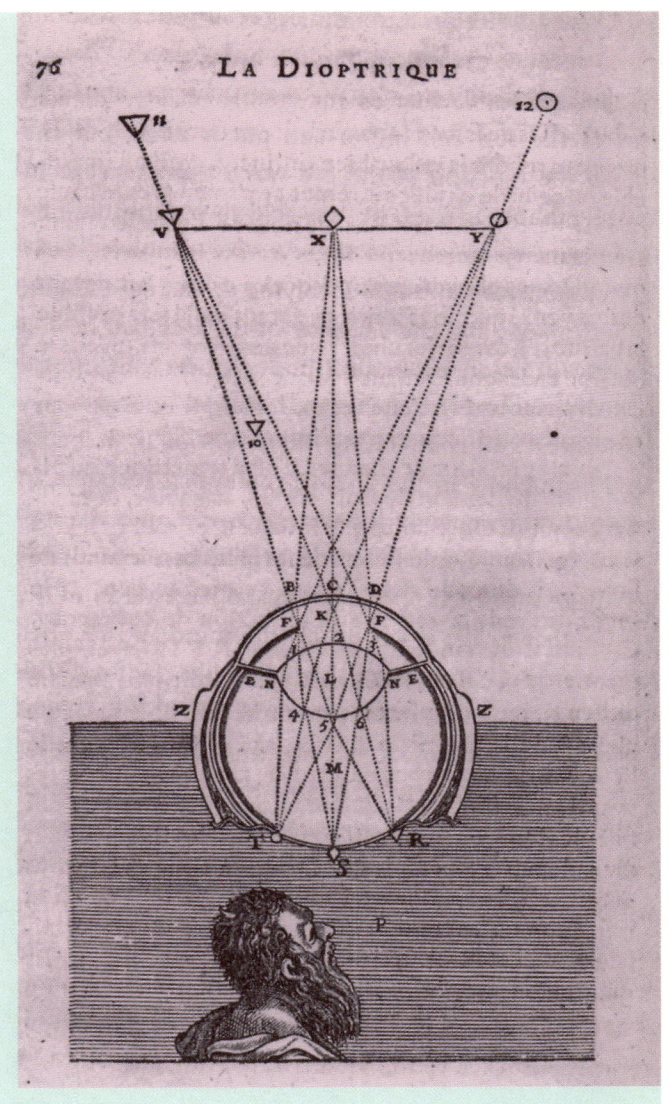

르네 데카르트의 『굴절광학』에 실린 도해. 망막에 상이 맺힌다는 케플러의 광학 이론을 설명하고 있다. 삼각형 (V)은 망막 R 지점에 상이 맺히고, 원(Y)은 망막 T 지점에 상이 맺힌다. 따라서 외부 사물은 상하가 뒤집혀 안구 안쪽 망막에 상이 맺히는 것이다.

화성과 태양 연구

『천문학의 광학적 측면』은 원래 1602년 성탄절에 맞춰 출간하려던 것이었다. 그러나 예상과 달리 450페이지에 이르는 대작으로 분량이 늘어나는 바람에 출간이 지체됐고, 결국 1604년 1월이 되도록 황제에게 완성된 원고조차 내보일 수 없었다. 마침내 프랑크푸르트에서 출간된 그 책은 1604년 그 유명한 프랑크푸르트 도서전에서 첫선을 보였다.

책이 자신의 손에서 떠나자 케플러는 다른 과제로 관심을 돌렸다. 그것은 황제에게 약속한 연구 과제인 '화성 이론에 대한 주석' 혹은 '보편 천문학의 열쇠'였다. 천문학치고는 해괴망측한 주제였다. 그 이전까지 단 한 개의 특정 행성 운동만을 주제로 다룬 천문학 저서는 없었기 때문이다.

케플러는 의도적으로 주제를 좁혔다. 그 밖의 전체 행성에 대한 대규모 표 작성 작업에 대한 책임 권한은 전부 텡나겔이 가로채 갔기 때문이다. 그러나 케플러는 자신의 작업이 중요한 의미를 지니고 있다는 사실을 알고 있었다. 그는 화성에 대한 관측 결과를 통해 지구 궤도 이론에 중대한 변화가 필요하다는 사실을 발견했던 것이다.

자신의 발견이 지닌 중대한 의미를 그는 『화성 이론에 대한 주석』 작업을 하기 이전에도 이미 알고 있었다. 그는 편지에서 "부족하지만, 나는 화성 이론에서 태양을 마치

거울을 들여다보듯 예의 주시하고 있습니다. 화성과 태양 사이의 관계를 나머지 모든 행성에 어떻게, 무엇을 적용해야 할지를 알기 때문입니다. 나는 화성을 표본 삼아 나머지 행성 전부를 다루고자 합니다. 따라서 나는 장차 모든 천문학 분야에 행운이 있기를 기원합니다"라고 썼다.

행성 궤도를 유도하려는 물리학적 시도를 통해 화성에 대한 케플러의 생각은 드디어 상상을 넘어 확신으로 발전했다. 행성이 태양으로부터 힘을 얻어 운동하는 것이라면 지구의 공전 운동 역시 다른 행성과 다르지 않을 것이고, 그렇다면 지구 역시 태양과 가까워질수록 빨리 움직일 것이고 멀어질수록 느려질 것이다. 그의 예감은 적중했고, 그의 생각 역시 옳았다.

자신의 '천체 물리학'이 타당하다는 사실을 입증한다면 코페르니쿠스의 우주 체계만이 유일하게 물리학적으로 성립 가능한 진리라는 사실 역시 논증할 수 있을 것이다. 그가 믿었듯이 태양이 중심에 자리 잡은 우주는 자신의 창조물 안에 거하시는 하느님을 물리적으로 표현한 상징이었을 뿐만 아니라, 종교적 차원에서도 변함없이 중요한 의미를 갖는 진리였기 때문이다.

화성 연구에 박차를 가하다

티코의 사후부터 케플러의 화성 연구는 점점 더 물리학적인 색채를 띠었다. 『우주의 신비』에서 이미 케플러는 행

아르키메데스

(BC 287?~BC 212)
고대 그리스의 자연 과학자. 원, 구 같은 구적법, 지레의 원리, 아르키메데스의 원리 등을 발견하였다. 저서에 『구와 원기둥에 대하여』, 『평면의 평형에 대하여』, 『포물선의 구적』, 『방법』 등이 있다.
우연히 목욕탕에 들어갔을 때 물속에서는 자기 몸의 부피에 해당하는 만큼의 무게가 가벼워진다는 것을 알아냈다. 흥분한 그는 옷도 입지 않은 채 목욕탕에서 뛰어나와 "알아냈다, 알아냈다(Heurēka!, Heurēka!)"라고 외치며 집으로 달려갔다는 고사로 유명하다.

성의 운동력 가설을 밝힌 바 있었지만 그는 자신이 세운 공식에 결함이 있음을 깨닫고 있었다. 따라서 그는 행성의 운동 속도는 태양과 행성 사이의 거리에 반비례한다는 간단한 원리를 이용하기 시작했다.

태양에 가까울수록 행성의 공전 속도는 빨라진다. 그러나 그와 같은 연속적인 운동을 어떻게 수학적으로 묘사할 수 있을까? 그것은 다른 문제였다. 행성은 이심(행성 원 궤도의 중심이 태양계의 기하학적 중심에서 약간 벗어난 곳)에 중심을 두고 태양 주위를 공전했다. 따라서 행성의 거리는 미세하게 변화한다. 그렇다면 행성의 공전 속도에도 변화가 일어나게 된다. 그와 같은 변화를 현대 수학자들이야 미분법을 이용해 쉽게 해결하겠지만, 그 당시는 아직 미적분법이 등장하지 않았던 시절이었다.

맨 처음 케플러가 사용한 방법은 무지막지했다. 이심원 궤도 둘레를 1도 단위로 쪼개 매 각도마다 화성과 태양 사이의 거리를 계산한 다음, 그 거리의 총합을 이용해 두 지점 간 이동 시간을 측정하고자 했다. 그것은 지루하고도 고역스러운 작업이었다. 그런 사실을 깨달은 그에게 그리스 수학자 아르키메데스의 생각이 떠올랐다.

기원전 3세기를 살았던 아르키메데스는 원의 면적을 구하는 데, 거리의 총합과 비슷한 방법을 사용한 적이 있었다. 과연 화성이 자신의 궤도를 따라 쓸고 지나간 면적은 거리의 총합과 값이 얼추 맞아떨어졌다. 비록 평균적인 근삿값이기는 했지만, 케플러는 같은 단위 시간 동안에 행성 궤도가 그리는 면적은 동일하다는 원리를 발견했던 것이다. 바로 훗날 케플러의 '두 번째' 법칙으로 알려지게 된 원리였다. 발견 순서를 따지자면 제2법칙이 먼저였던 것이다.

마침내 달걀형에 가까운 행성 궤도를 생각해 내다

케플러는 자신이 새로 발견한 법칙을 행성 궤도에 적용했다. 행성 궤도의 중심은 태양계의 중심에서 약간 벗어나 있었다. 즉 태양 역시 행성 공전 궤도의 회전축에서 벗어난 곳에 위치했다. 따라서 새 운동 법칙을 이용해 화성과 태양 사이의 최단거리 지점과 최장거리 지점을 확인하고자 했다. 그 과정에서 그는 새로운 사실을 발견했다.

그 두 지점을 통과하는 데 화성이 너무 많은 시간을 소비한다는 것이다. 즉 이심원 궤도의 양 끝 지점을 통과하는 화성의 운동 속도가 예상보다 느렸던 것이다. 그 이상의 속도가 나와야 할 지점이었다.

그렇다면 행성 궤도를 찌그러뜨려 양옆으로 더 튀어나오게 해야 했다. 그래야 전체적으로 면적과 시간은 동일하게 유지하면서, 양 끝 지점에서 달라진 속도와 시간 값을 설명할 수 있었기 때문이다. 가운데 뱃살이 통통한 소시지를 쥐고 손에 힘을 주면 소지지 속살이 양 끝으로 밀려날 것이다. 행성 궤도는 바로 그런 소시지 모양과 비슷해야 했던 것이다.

따라서 케플러는 물리학적 직관을 발휘해 결론을 내렸다. 행성 궤도는 완벽한 원이 아니라 달걀 모양이어야 했다. 이제 케플러의 남은 목표는 분명해졌다. 면적의 법칙(혹은 면적 속도 일정의 법칙, 케플러의 제2법칙)을 통해 행성이 어떤 달걀 모양의 궤도를 그리는지 그 모양을 알아내는 데 모든 노력을 기울여, 티코가 정확하고 정밀하게 관측한 행성 위치와 일치하는 궤도를 찾아내는 일이었다.

그러나 정확히 어떤 모양의 달걀형 궤도가 적당할 것인가? 그런 달걀형 궤도는 어떻게 찾아낼 것인가? 그것은 끔찍이도 복잡한 과정이었다. 그 문제를 해결하는 데 케플러는 1604년 한 해를 전부 바쳐야 했다. 롱고몬타누스에게 쓴 편지에서 케플러가 고백한 바에 따르면 그 문제를 해결하기 위해 동원한 방법은 스무 가지나 됐다. 마침내 그는 원점으로 돌아가, 거의 달걀형에 가까운 타원을 선택했다.

타원은 달걀형의 일종으로, 특히 면적을 계산할 경우 달걀형보다 훨씬 다루기 편하다는 수학적인 속성을 지니고 있었다. 그와 같이 타원에 근접한 궤도와 면적의 법칙을 이용하자, 지난번 원 궤도일 경우와 정확히 반대되는 오차가 발생했다. 이번에는 소시지를 너무 꽉 짜낸 셈이었다. 따라서 케플러는 한 번은 모자랐고 한 번은 넘쳤다는 결론을 내렸다. 정답은 그 둘 사이 어디쯤엔가 존재하고 있음이 틀림없었다.

아직은 미흡한 행성의 타원 궤도와 면적의 법칙

이제는 중간형 타원이었다. 그 타원에는 재미난 특징이 있었다. 타원의 두 초점 중 하나가 태양의 위치와 정확히 일치했던 것이다. 사실 그 타원 궤도에 대한 케플러의 관심은 화성이 자신의 원형 공전 궤도에서 4분의 1 되는 지점에 도달하는 순간 태양에서 떨어진 거리가 얼마나 되는가를 계산하는 과정에서 비롯됐다. 지난번 시도와 관련시켜 보면 약 절반 정도의 거리에 위치해야 했다.

순간적으로 그는 그 거리를 계산할 정밀한 삼각측량법이 존재한다는 사실을 떠올렸다. 거리를 측정해 본 결과, 화성 궤도는 타원을 그리고 있었다. 더 나아가 그는 화성이 타원 궤도를 도는 동안 태양과 거리가 어떻게 변하는지까지 정확히 알아냈다. 그 타원 궤도는 면적의 법칙에 의한 근삿값의 정밀도와 관련돼 케플러를 괴롭히던 문제를 말끔히 해결해 주었다.

순간 생각의 물줄기가 분수처럼 솟구쳤다. 그는 그 순간을 "마치 꿈에서 깨어나 새로운 빛을 보는 것 같았다."고 썼다. 행성 운동의 '첫 번째' 법칙이 탄생했다. 행성의 운동은 태양을 한 초점으로 하는 타원 궤도였던 것이다.

케플러는 자신의 책에 단순히 화성에 대한 새로운 이론만을 실을 생각은 아니었다. 천문학 이론에 대한 전혀 새로운 물리학적 접근 방식이 공식적으로 세상에 첫선을 보이는 자리였다. 그리고 그것은 케플러가 화성 연구를 통해

삼각측량법

삼각형의 한 변의 길이와 두 개의 끼인각을 알면 그 삼각형의 나머지 두 변의 길이를 알 수 있다는 원리를 이용하여 지형을 측량하는 방법. 정밀하게 길이를 잰 기선(基線)과 그 밖에 몇 개의 기준점을 설정하고 그것들을 이어 많은 삼각형의 그물을 만든 후, 삼각법에 의하여 계산한다. 사람이 직접 높이를 측정하기 힘든 산의 높이를 추정할 때 주로 활용된다.

이룩한 업적이었다. 따라서 그가 명명한 책 제목은 '화성 운동에 대한 주석을 통해 논증한 원인 혹은 천체 물리학에 의한 아이티오로게토스, 신천문학'이었다. 그러나 케플러는 그렇다고 해서 자신의 물리 천문학이나 코페르니쿠스 체계의 정당성이 입증되리란 보장은 없다는 사실을 알고 있었다.

케플러가 자신의 책에서 가장 주목할 만하다고 여긴 특징인 새천문학 이론의 물리학적인 기초를 수리 천문학자들은 전적으로 무시하려 들 것이 뻔했다. 자신이 오랜 학문적 여정 끝에 도달한 천문학 이론이었다. 그 중요성을 주장하지 않을 수는 없었다.

그는 "행성 운동의 물리학적 원인, 그것에 근거를 두지 않는다면 그 어떤 시도도 성공할 수 없다"고 생각했다. 마침내 케플러의 주장은 논리를 넘어 수사학으로 발전했다. 케플러가 행성의 타원 궤도와 면적의 법칙을 발견했다고는 하지만 그것은 어디까지나 모종의 직감에서 비롯된 것이었다. 자신의 추리가 옳다는 사실을 논리적으로 뒷받침하기에는 한계가 있었던 것이다.

텡나겔의 간섭

케플러가 화성의 타원 궤도를 발견한 것은 1605년 부활절 무렵이었지만 그렇다고 해서 일이 다 끝난 것은 아니었다. 책을 완성하려면 아직도 쓸 거리가 태산같이 남아 있었다. 책을 출간하려면 텡나겔과 해결해야 할 문제도 있었다. 케플러는 티코의 천문 관측 자료를 이용한 모든 연구 작업에 대해서 텡나겔의 승인을 얻어야 했기 때문이다.

케플러의 예상대로 텡나겔의 간섭은 도저히 케플러가 인내할 수 없는 수준이었다. 특히 텡나겔이 『루돌프표』의 작업을 포기한 이후 그 정도는 더욱 심해졌다. 케플러는 텡나겔에게 책의 서문을 쓰도록 했다. 그러자 텡나겔은 책의 서문에서 독자들에게 다음과 같이 충고했다. "케플러의 그 어떤 말에도 휘말려서는 안 됩니다. 특히 방자하게도 티코의 뜻에 어긋나는 물리학적인 주장을 펼치는 부분에 이르러서는 절대 그러셔서는 안 됩니다."

모든 일이 더디게 진행됐지만 드디어 1609년, 『신천문학』이 모습을 드러냈다. 황제는 케플러의 개인 수학 저작 전부에 대한 저작권을 보장해 주었지만, 결국 케플러는 부족한 출판 비용을 충당하기 위해 출판업자들에게 판권을 넘겨야 했다. 역사상 가장 위대한 천문학 저서 가운데 하나로 손꼽힐 작품이었지만 그 출산 과정은 상당히 위태로웠던 셈이다.

『신천문학』은 대략 340페이지로 다소 근엄한 면이 있기는 했지만, 매력 넘치는 대작이었을 뿐만 아니라 케플러의 최고 걸작으로 손꼽히는 작품이기도 하다. 걸출한 수학적 천재성과 대담한 창의성이 낳은 역작이었다.

행성의 운동은 물리학적인 관점에서 접근해야만 제대로 이해할 수 있다는 그의 주장은 논란을 불러일으켰지만 결국 사실이었음이 밝혀졌다. 그러나 흥미로운 점은 천문학은 물리학이어야 한다는 점을 밝힌 그의 눈부신 천문학도 결국에는 역사 속으로 사라졌다는 사실이다. 그의 사후 몇 세대가 흘러, 태양에서 어떤 힘이 나와 행성을 회전하게 만드는 것은 아니라는 사실이 밝혀졌기 때문이다.

아이작 뉴턴의 천체 역학은 케플러의 것과는 완전히 달랐다. 행성은 계속해서 직선 방향으로 움직이고자 한다. 다만 그들은 태양의 중력에 붙잡혀 태양 주위를 공전하고 있을 뿐이다. 그러나 그와 같은 물리학적 차이에도 불구하고 행성들이 여전히 케플러가 처음 발견한 두 가지 법칙을 반드시 따라야 하기는 마찬가지였다. 행성이 태양을 초점으로 하는 타원 궤도를 그리며, 행성이 같은 시간 동안에 같은 면적을 그리며 공전한다는 사실에는 변함이 없었던 것이다.

드디어 『신천문학』이 완성되자 케플러는 연구를 중단하고 휴식을 취했다. 그는 갈릴레오의 소식이 궁금했다. 그 역시 자신과 마찬가지로 코페르니쿠스 체계의 물리학적인 증거를 발견한 사람이었다. 멀리 이탈리아에 있는 그는 자신이 고생 끝에 내놓은 물리 천문학에 대해 어떤 반응을 보일까?

그러나 케플러가 전혀 모르고 있는 사실이 있었다. 당시 갈릴레오는 '신천문학'을 연구하고 있지 않았다. 그는 자신을 유럽의 유명 인사로 만들었을 뿐만 아니라 자기 자신에게 불후의 명성을 안겨다 준 천문학적 쾌거를 이루고 있

뉴턴(1642~1727)
영국의 물리학자·천문학자·수학자. 광학 연구로 반사 망원경을 만들고, 뉴턴 원무늬를 발견하였으며, 빛의 입자설을 주장하였다. 만유인력의 원리를 확립하였으며, 저서에 『자연 철학의 수학적 원리』가 있다.

었다.

망원경을 통한 천문 관측

1610년 3월 15일, 갈릴레오가 새로운 행성 4개를 발견했다는 소식이 프라하에 전해졌다. 황제의 고문이자 케플러의 친구인 요한 마테우스 바커 폰 바켄펠스는 그와 같은 소식에 흥분한 나머지 케플러의 집 앞에 마차를 세우고는 케플러에게 어서 내려와 얘기 좀 들어 보라고 외쳤다. 잔뜩 긴장한 두 사람은 말도 제대로 나누지 못할 지경이었다. 잠시 소곤대는 소리를 주고받은 그들은 새로운 소식에 흥분을 감추지 못하고 웃음을 터뜨렸다.

케플러는 흥분과 더불어 부끄러움과 혼란스러움을 느꼈다. 갈릴레오가 새로운 행성을 발견했다면 자신의 다면체 가설은 어떻게 되는 것일까? 자신이 이미 밝혔듯, 행성 개수는 필연적으로 6개일 수밖에 없었고, 태양계에 새로운 행성이 끼어들 자리는 없었다.

새로운 행성이 발견되었다는 소식이 처음 프라하에 전해졌을 당시 갈릴레오의 책은 아직 인쇄 단계에 들어가기도 전이었다. 곧 갈릴레오의 책 『별의 사자』(1610)의 첫 인쇄본이 드디어 프라하에 도착했다. 호기심 많은 황제는 제국 수학자 케플러에게 책을 빌려주며 전문가로서의 의견을 들려주기를 청했다.

책을 읽은 케플러는 곧 안도의 한숨을 내쉬었다. 새로

발견했다는 것은 행성이 아니라 목성의 위성이었다. 갈릴레오는 자신이 발명한 망원경을 통해 목성에서 새로운 위성을 발견했던 것이다. 목성 주변을 도는 위성과 함께 갈릴레오는 달의 표면은 울퉁불퉁하며 지구의 표면과 그다지 다르지 않다는 사실도 명쾌하게 증명했다. 그뿐만이 아니었다. 망원경을 통해 밤하늘을 관측한 그는 밤하늘에는 우리가 그동안 몰랐던 별들이 수없이 많다는 사실을 알아냈다. 그리고 그는 은하수가 수많은 별들의 집합이라는 사실도 알아냈다. 밤하늘을 띠처럼 가로지르는 은하수는 희미한 별빛들이 모인, 별들의 구름이었던 것이다.

망원경을 통한 천문 관측은 천문학 역사에 새 장을 연 획기적인 사건이었다. 그러나 어쨌든 당시 많은 사람들에게 갈릴레오의 관측 결과는 좀처럼 믿기 힘든, 너무나도 파격적인 내용이었다.

케플러는 제국 수학자였다. 그의 의견은 갈릴레오에게 적잖이 중요했을 뿐만 아니라 대외적으로 든든한 신용장 역할을 해 줄 수도 있었다. 그래서 갈릴레오는 자신의 책 한 부와 함께 케플러의 의견을 구하는 편지를 프라하 주재 토스카나 대사 앞으로 보냈다.

4월 13일 케플러는 토스카나 대사관 관저를 방문해 갈릴레오의 뜻을 전달받았다. 일주일 내로 외교 특사 한 명이 토스카나로 떠날 예정이었다. 케플러는 그가 떠나기 전까지 자신의 답장을 전달하겠다고 약속했다. 4월 19일 케플러는 갈릴레오에게 보낼 편지를 완성했다.

별의 사자와 나눈 대화

많은 사람들이 자신의 편지 내용을 궁금해하자 케플러는 그것을 35페이지짜리 소책자로 출간했다. 제목은 『별의 사자와 나눈 대화』(1610)였다. 뛰어난 작품이었다. 케플러에게는 망원경이 없었으므로 관측 내용의 진위 여부를 확인할 방법이 없었다. (케플러가 갈릴레오에게 망원경을 하나 보내 달라고 했다면 그도 직접 자기 눈으로 새로운 우주를 목격할 수 있었을 것이다.)

그런 상황에서 케플러가 갈릴레오를 도울 수 있는 가장 좋은 방법은 망원경 그 자체를 비롯해 갈릴레오의 발표 내용에 의심을 살 만한 부분은 없다는 사실을 증명해 주는 것이었다. 렌즈들의 조합을 통한 상의 확대 원리에 대해서는 과거 광학 이론에서도 일부 언급된 바 있었다. 그러나 그것은 케플러 자신의 저서 『천문학의 광학적 측면』에서는 미처 다루지 못한 내용이었다.

다섯 달 후 케플러는 그 같은 문제를 마침내 해결해, 그 이듬해 2개의 렌즈 조합 원리에 대해 자세하게 설명한 최초의 광학 이론서 『굴절광학』(1611)을 출간했다. 그뿐만 아니라 이 책에서 케플러는 한층 진보된 망원경 설계 모형을 제시했다. 두 개의 볼록렌즈를 사용해 설계하는 그 망원경을 오늘날 우리는 '천문가용' 망원경 혹은 '케플러식' 망원경이라고 부른다.

그런 일이 없었다면 케플러는 갈릴레오의 발견에 열광

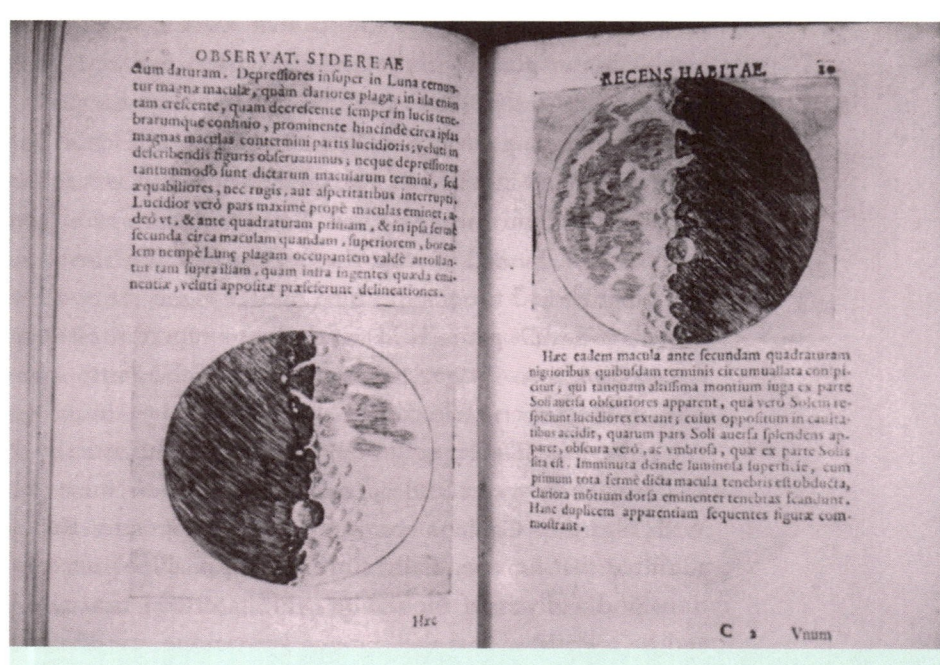

갈릴레오의 『별의 사자』에 실린 그림. 망원경을 통해 바라본 달 표면의 모습이다. 갈릴레오의 관측 결과 달에는 산맥이 있었고, 지형은 지구와 다르지 않았다.

적으로 응답하고 그 발견이 지니는 의미에 대해 심사숙고하는 데에만 그쳤을 것이다. 갈릴레오가 달의 지형에 대해 설명했던 것과 관련해, 케플러는 갈릴레오의 관측 내용과 더불어 달 표면의 산맥과 분화구에 대한 분석에 대해서도 전적인 신뢰감을 표시했다.

덧붙여 케플러는 달 표면의 분화구 모양새를 살펴보건대 아마도, 달 내부는 구멍투성이일 것이며 따라서 달은 무게가 가벼울 것이라고 추리했다. (따라서 달의 지구 회전 속도는 빠를 수밖에 없었다. 물론 자신의 물리 천체학으로 설명해도 달의 지구 회전 속도는 빠를 수밖에 없었다.) 아니 어쩌면 달 표면의 분화구는 달 주민들이 세운 거대한 원형 방벽일지도 모른다. 케플러는 태양은 14일 동안 저무는 일도 없이 달 표면을 내내 비춘다고 생각했다. 달 주민들은 내리쬐는 햇빛을 피해 분화구의 외벽이 만드는 그늘에 살고 있을 것이다.

무심한 갈릴레오에게서 받은 17년 만의 답신

갈릴레오의 발견 가운데서 단연 돋보이는 주목거리는 바로 목성의 위성이었다. 목성의 위성이 발견되었다는 사실은 케플러에게 특히 중요한 의미가 있었다. 태양 중심설을 입증할 값진 증거였기 때문이다. 첫째, 목성 역시 위성을 거느리고 있었다. 그렇다면 달이 지구 주위를 회전하고 있는 상황에서 지구가 다시 태양 주위를 회전할 수는 없다는 반론을 잠재울 수 있을 것이었다.

또 하나, 목성의 위성들이 목성의 자전 방향을 따라 수평으로 회전하고 있었다. 그것은 목성이 방출하는 행성의 운동력 때문이었다. 『신천문학』에서 케플러는 달은 지구의 자전 운동의 영향으로 운동한다고 설명한 바 있었다. 목성에서도 동일한 일이 벌어지고 있었던 것이다.

마지막으로 목성이 위성을 거느렸다는 사실, 그것이 케플러에게 의미하는 바는 목성에도 틀림없이 지적 존재가 살고 있다는 증거였다. 만약 그렇지 않다면 신께서 목성에만, 다른 행성에서는 찾아볼 수 없는 그와 같은 특징을 부여하셨을 리가 없지 않은가?

『별의 사자와 나눈 대화』를 출간함으로써 케플러는 갈릴레오와 그가 발견한 사실에 대해 공식적인 지지 의사를 천명한 최초의 천문학자로 등장했다. 제국 수학자가 보내온 지지에 힘입어 갈릴레오는 자신을 겨냥해 날아드는 비판의 화살을 모조리 꺾어 버릴 수 있었다. 그러나 반대로 케플러는 갈릴레오로부터 고맙다는 인사말 한마디도 들을 수 없었다. 더군다나 갈릴레오는 천문학적으로 자신의 발견보다 더욱 중요했던 케플러의 업적에 대해서는 일언반구 언급도 없었다.

케플러가 갈릴레오와 몇 차례나 서신 왕래를 시도했음에도 갈릴레오는 17년이나 지나 보내온 엉뚱한 편지 한 통을 제외하고는 다시는 답신을 보내오지 않았다. 역사적으로 위대한 두 명의 천문학자는 같은 시대를 살았고 서로 연락을 주고받기도 했지만 두 학자 사이에 상호 교감은 거의 없었다.

묵묵히 자신의 삶에 최선을 다하던 케플러는 자신을 무시하는 갈릴레오의 무례에 결코 불만을 표시하지 않았다. 그리고 갈릴레오는 천문학 이론의 개혁을 이룬 케플러의 업적에 대해 분명 아무런 관심도 기울이지 않았다.

마티아스가 새 황제 자리에 오르다

1611년, 케플러의 나이도 어느덧 서른아홉이 되어 있었다. 오갈 데 없는 피난자 신세로 프라하를 찾은 지 11년째, 요하네스 케플러는 제국의 수도에서 학계를 이끄는 정상급 인물이자 국제 과학계에서 명성을 날리는 인물로 성장해 있었다.

티코 브라헤의 후계자라는 위상과 더불어 묵직한 저작들을 연속해서 내놓은 학문적 이력은 케플러에게 천문학과 관련해서는 모르는 것이 없는 박학다식한 인물이라는 인상을 심어 주었다. 영국 시인 존 던은 자신의 풍자시, 〈이그나티우스의 비밀회의〉에서 다음과 같이 그를 묘사할 정도였다.

> 티코 브라헤가 죽은 다음 [케플러가] 티코의 보살핌 속에 박학다식한 능력도 전수받았지. 하늘에서도 티코의 지식이 아니고는 새로울 것이 없다고들 하더군.

케플러가 그와 같은 인생의 황금기를 눈앞에 두고 있을 무렵, 케플러의 후원자는 몰락의 길로 접어들고 있었다. 황제는 비정상을 넘어 광인으로 변해 가고 있었다. 황제가 멀리 프라하로 거처를 옮기기 전 그의 통치 방식을 지켜보던 케플러는 그의 "아르키메데스의 지렛대 원리를 이용한 통치 방식"에 놀라움을 금치 못한 적이 있었다. 황제는 가운데 가만히 앉아 좌우의 힘을 역동적으로 조절하고 있었다. 케플러가 지켜본바 그대로였다.

황제는 정치에 지렛대의 원리를 응용했다. 궁지에 몰려 오스만 튀르크와 길고 지루한 전쟁을 가까스로 이어 나가고 있음에도 불구하고 황제는 그런 전쟁 상태를 통해 내부 분열을 단속하며 아슬아슬하게 제국을 현상 유지하는 방법을 알고 있었던 것이다.

그러나 케플러가 프라하에 도착한 1600년 이후 황제는 병적인 수줍음과 극단적인 외고집으로 말미암아 고립과 판단력 마비 상태에 빠졌고 편집증 증세마저 보였다. 세상사에서 등을 돌린 황제는 은둔을 자청했다. 그는 흐라트신 황궁의 진귀한 수집품들 속에 틀어박혀 자신의 성을 감옥 삼아 자기 자신을 스스로 감금했다. 급기야 황제가 별난 성격이 도져 정신 착란 상태에 빠졌다는 소문이 나돌았다.

루돌프 2세의 비타협적이고 소극적인 태도로 말미암아 신성로마제국과 합스부르크 왕가는 위기에 빠졌다. 그러자 황제를 내몰기 위한 음모가 진행됐다. 1606년 4월 오스트리아 합스부르크 왕가 인사들이 빈에서 비밀 회동을 가졌다. 그들은 루돌프 2세의 동생, 마티아스를 황실의 우두머리로 삼기로 뜻을 모았다.

마티아스는 야망에 불타는 인물이었음은 물론, 황제와도 사이가 좋지 않았다. 2년 후 그는 2만에 달하는 군사를 이끌고 무력으로 자신의 형 루돌프 2세를 치기 위해 길을 떠났다. 빈을 출발한 군대는 모라비아, 보헤미아를 거쳐 단 하루 만에 프라하까지 진군했다. 승패는 이미 정해져 있었고 황제는 포로로 붙잡혔다.

루돌프 2세는 동생 마티아스에게 헝가리 왕국과 오스트리아 대공위, 그리고 모라비아 영토를 그 자리에서 넘겨주었다. 그에게 남은 것은 보헤미아, 슐레지엔, 루사티아 땅이 전부였다. 그러나 그의 사후에는 보헤미아 국왕 자리 역시 동생 마티아스에게 물려줄 것을 약속해야만 했다.

힘 잃은 황제는 이제 보헤미아 주에서 막강한 세력을 과시하던 개신교 대의원들의 압력에 직면했다. 보헤미아 주 대의원회의 의원이었던 그들은 종교의 자유를 보장하는 문서(1609)를 황제에게 요구했다. 강압에 못 이겨 그들의 요구를 승인하는 상황에서도 농담을 하고 광기 증세를 보이던 루돌프 2세는, 자신의 나라와 수도에 대한 지배력을 회복하고자 필사적인 노력을 기울였다.

프라하를 떠나 린츠로 향하다

이듬해 겨울 루돌프 2세는 무슨 이유에서인지, 파수아

주교이자 자신의 사촌인 대공 레오폴드 5세를 끌어들여 보헤미아를 치게 했다. 가는 길마다 약탈을 일삼으며 보헤미아에서 프라하까지 진군한 레오폴드의 군대는 흐라트차니와 일반 시가지 지역을 침범해 노략질을 일삼았다.

개신교 신자들로 구성된 군대가 불굴의 의지로 펼친 방어전과(개신교 군사들 역시 프라하 구시가지 지역에 있던 가톨릭교회와 수도원들을 약탈했다), 막대한 뇌물 덕분에 레오폴드 5세의 공격은 끝이 났지만 루돌프 2세는 이제 종말로 치달았다. 한창 급박한 상황에서 개신교 대의원들이 마티아스 편으로 돌아선 것이다.

루돌프 2세는 권좌에서 물러났고, 1611년 3월 23일 마티아스가 보헤미아 왕국의 왕관을 이어받았다. 권력과 이성을 동시에 잃은 황제는 흐라트신에서 얼마 남지 않은 여생을 보냈다. 그리고 그 후 1년도 못 넘기고 1612년 1월 20일 그곳에서 숨을 거두었다.

케플러는 자신의 후원자였던 황제에게 마지막까지 충성심을 잃지 않았다. 조언을 요청받았을 때에는, 안 그래도 귀가 얇은 황제가 갈팡질팡하지 않도록 황제와 점성술 사이를 떼어 놓으려 최선을 다했다. 그리고 적들이 프라하로 접근해 올 때에는 점성술적 분석을 과장해 황제는 오래오래 장수할 것이며 마티아스는 곤경에 처할 것이라는 예언을 들려줌으로써 황제를 안심시키고자 했다.

그러나 케플러는 상황이 이미 악화 일로를 걷고 있음을 알고 있었다. 케플러는 조심스럽게 착수 예정이던 계획들을 수정하여, 북부 오스트리아의 수도 린츠에서 다음을 기약하고자 했다.
 루돌프 2세가 서거함으로써 케플러는 이제 프라하에서 아무런 도움도 기대할 수 없었다. 4월 중순 케플러는 프라하를 떠나 린츠로 향했다.

케플러의 제1법칙 · 제2법칙

케플러의 제1법칙과 제2법칙은 다음과 같다.

제1법칙. 행성은 태양을 한 초점으로 하는 타원 궤도를 그린다.

제2법칙. 행성과 태양을 연결한 선분은 같은 시간에 같은 면적을 쓸고 지나간다.

그 두 가지 법칙을 그림으로 표현하면 다음과 같다.

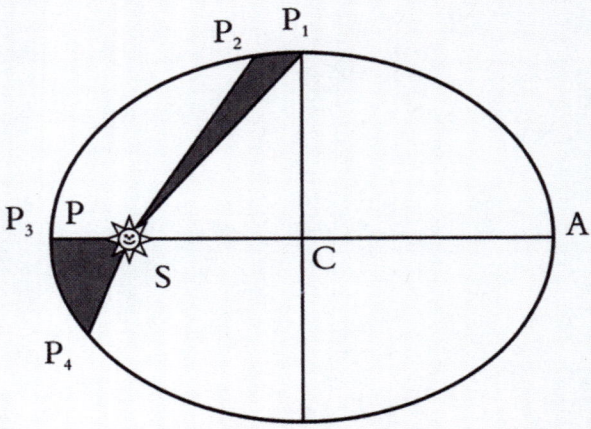

그림처럼 행성은 타원 궤도를 그리며, 타원의 한 초점인 태양은 S로 표시했

다. 타원의 크기는 통상 반장축(긴반지름축) 길이에 따라 결정된다. 다시 말해 장축(긴지름축) PA의 절반 길이, 즉 PC 사이 거리에 따라 결정된다. 그리고 이심률은 태양과 중심 사이 거리 대 장축 사이 길이, 즉 e=SC/PC로 정의된다. (즉 이심률은 장축과 초점 사이 길이의 비, 그 값이 0이면 원, 1이면 포물선, 1보다 작으면 타원, 1보다 크면 쌍곡선이 된다.) 그림에서는 실제 행성 궤도보다 이심률을 상당히 과장하여 표시했다. 실제 행성의 궤도는 거의 완벽한 원에 가까운 타원 궤도를 그린다.

케플러의 제2법칙에 따르면, 단위 시간당 행성이 자신의 공전 궤도를 따라 휩쓸고 지나가는 면적은 동일하다. 즉 같은 시간 동안 P_1에서 P_2로 이동하며 그리는 (P_1SP_2, 그림에서 진하게 표시한 영역의) 면적은 P_3에서 P_4로 이동하며 그리는 (P_3SP_4 영역의) 면적과 동일하다는 것이다. 그와 같은 사실은 그림을 통해 쉽게 확인할 수 있다. 행성과 태양 사이 거리가 짧아지면 속도가 빨라지므로 궤도를 따라 더 먼 거리를 이동하는 것이다.

결론적으로 행성의 공전 속도는 근일점(P)에서는 최고 속도에 도달하지만 원일점(A)에서는 최저 속도로 떨어진다. 즉 케플러 식으로 설명한다면 행성은 운동력의 근원인 태양에 가까울수록 속도가 빨라지고 멀어질수록 속도가 느려지는 것이다.

『우주의 조화』 4

1612년경 한스 폰 아헨이 그린 초상화. 케플러로 추정된다.

1612년 5월, 케플러는 린츠에 도착했지만 이미 그는 심적으로 지쳐 있었다. 그가 열정을 바쳐 독창적인 연구를 수행했던 제국의 학계 역시 전쟁의 참화에서 벗어날 수가 없었다. 수년간에 걸쳐 일어난 끔찍한 사건으로 인해 그는 천문학 연구를 지속해 나갈 수가 없었다.

아내의 죽음

1611년은 프라하뿐 아니라 케플러에게도 재난과 슬픔의 시기였다. 새해가 시작되면서 케플러의 아내 바르바라는 헝가리 열병으로 몸져누웠다. 조금 차도를 보이는가 싶었지만 이제는 세 자녀가 모두 천연두를 앓았다.

여덟 살배기 차녀 수산나와 세 살배기 루드비히는 가까스로 살아났지만 케플러가 애지중지했던 여섯 살 난 프리드리히는 2월 19일 결국 세상을 떠났다. 바르바라는 깊은 시름에 잠겼다.

뒤이어 레오폴드 대공이 이끄는 군대가 침략했고, 올드 타운은 보헤미아의 신교도군에 함락되었다. 케플러는 가족을 프라하로부터 빼내려고 필사적으로 노력했다. 그러나 그가 1611년 6월 사태를 수습하기 위해 린츠에서 돌아왔을 때, 아내 바르바라는 마티아스 군이 프라하에 퍼뜨린 열병으로 사경을 헤매고 있었다. 결국 그녀는 1611년 7월 3일 세상을 떠나고 말았다.

물론 그는 광란 상태의 프라하를 떠나 평온한 린츠에 정착한 것에 안도했을지도 모른다. 그렇다고 해서 죄책감으로부터 자유로울 수는 없었다.

이미 3년 전에 케플러는 도시 생활에 쉽게 적응하지 못하는 아내를 위해 이주할 계획을 세워 놓고 있었다. 그래서 그는 이주할 곳으로 아내의 고향인 그라츠와 분위기가 비슷한 린츠를 염두에 두고 있었다. 린츠는 오스트리아 북부 슈타이어마르크 주의 중심 도시였다.

성찬식에 대한 해석으로 궁지에 몰리다

페르디난트 대공이 구교도를 추방하기 이전의 이웃 지역처럼 오스트리아 북부는 신교의 세력이 우세한 지역이었다. 그리고 이곳은 합스부르크의 영토였으므로 케플러는 자신의 일을 계속 해 나갈 수 있었다. 이제 아내도 떠나보낸 이 제국 수학자는 내세울 만한 대학도 없고 인쇄기 하나 갖추지 못한 이 변변찮은 도시에서 마음의 갈피를 잡지 못하고 있었다.

신교 계열의 학교는 그라츠의 학교보다 못했다. 케플러는 자신의 재능에 걸맞은 일을 쉽게 찾을 수가 없었다. 루돌프 공의 양위 이후, 케플러는 오스트리아 북부의 대의원회와 계약을 맺었다.

케플러는 『루돌프표』의 작성을 계속 해 나가고, 오스트리아 북부의 지도를 작성하며, 타당성이 있다면 수학이든 철학이든 역사든 필요한 연구를 할 수 있다는 계약이었다. 사실 그는 그라츠에서도 같은 작업을 했었다. 수학자 겸 교수의 신분이었던 것이다. 그로서는 자신의 업적에 비해 다소 불만의 소지가 있는 직업이었을지 모르나 린츠 시에서는 그에게 정기적으로 400플로린을 지급했다. 이는 프라하에서 받을 수 있는 금액보다 훨씬 높은 수준이었다.

하지만 케플러의 화려한 이력은 린츠의 신자들로부터 불쾌한 견제를 받는 요인이 되었다. 케플러는 도착한 즉시 튀빙겐 신학교의 동문이자 주목사인 다니엘 히츨러에게 종교모임을 청했다. 며칠간의 모임을 가졌지만 케플러는 루터교의 교리에 대한 의문을 해소할 수가 없었다. 결국 그는 루터교의 엄격한 신앙고백 때문에 서명하기를 거부했다.

케플러와 관련해 특히 문제가 되었던 것은 성찬식에 대한 그의 해석이었다. 케플러는 루터파의 적대적인 라이벌이었던 칼뱅교를 옹호했다. 히츨러는 케플러에게 신앙고백문에 서명할 것을 요구했다. 그러나 케플러는 성찬식에 대한 해석과 그와 관련된 구절로 인해 서명을 거부했고, 히츨러는 종교모임에서 그를 빼 버렸다. 결과적으로 케플러는 모임에서 쫓겨난 셈이 되었다.

개인의 신념을 피력했다는 이유로 개신교 공동체에서 쫓겨났다는 사실이 케플러에게는 커다란 괴로움으로 다가왔다. 특히 그것이 신학자들이면 공감할 수 있는 교리에 관한 것이었기 때문이다.

8월에 그는 슈투트가르트의 종교의회에 히츨러의 독단에 대해 청원했다. 그런데 종교의회는 히츨러를 두둔하는 모욕스러운 편지 한 통을 보냄으로써 그의 청원을 기각했다. 내용인즉슨, 이제 '신학적 고찰'은 접어 두고 수학이나 열심히 연구하라는 것이었다. '길 잃은 어린 양 신세'였던 그는 목자의 소리를 따르는 도리밖에 없었다. 케플러의 양심은 이 문제를 고분고분 넘길 수 없었지만 말썽을 일으키지 않기 위해 이 일에 대해서 더 이상 거론하지 않기로 했다.

루터교와 결별하다

그런데도 케플러는 이단자로 지목받았고 이는 사람들의 가십거리가 되었다. 반대론자를 쉽게 정죄하고 비방하는 데 독이 오른 사람들과는 달리 케플러는 루터교, 칼뱅교, 가톨릭에서 두루 종교적 믿음을 형성해 주는 요소들을 하나하나 이끌어 냈다. 그런데 오히려 그는 믿음이 굳건하지 못하고 케플러 자신만의 교리를 만들어 낸다는 이유로 고소를 당했다. 케플러는 처참한 심정으로 "진리는 하나인데 세 종파로 찢겨 서로 비참하게 싸우는 게 가슴 아플 따름입니다. 찢긴 조각을 하나로 잇는 걸 내 의무로 여깁니다"라고 답변했다.

심지어 같은 독일어를 사용하는 지역조차 점차 잔혹한 종교전쟁의 그늘로 뒤덮여 갔다. 케플러는 각자의 믿음들을 조정하겠다는 뜻을 결코 굽히지 않았다. 케플러의 믿음은 의심, 비난, 협박으로 돌아왔다.

결국 1617년 가을, 케플러는 고통스러운 심정으로 튀빙겐의 신학 교수 마티아스 하펜레퍼를 방문했다. 그는 종교 모임과 자신의 추방 문제를 일단락 짓고 싶었다. 모임에 다시 참여하게 될 별다른 가망은 없었지만, 그는 신앙고백문의 서명 거부에 대해 하펜레퍼와 구체적인 이야기를 주고받았다. 편지를 두 번씩 주고받은 후 하펜레퍼는 자신들이 교환한 편지를 신학교수회와 종교의회에 제출하고 그 결정을 기다렸다. 그리고 결정의 순간이 왔다.

1619년 7월 31일, 그는 공식 평결의 결과를 받았다. "불합리하고 오류투성이인 허상을 버리고 겸손한 믿음으로 신성한 진리를 받아들이시오. 그럴 수 없다면 우리의 교회와 교단을 떠날 수밖에 없소." 이로써 케플러는 루터교와 완전히 결별하게 되었다.

새 신붓감 찾기의 고충

1612년 린츠에 도착한 이후로, 케플러가 착수했던 첫 번째 과제는 아이들을 돌보고 집안을 꾸려 나갈 아내를 찾는 일이었다. 그는 열심히 아내를 물색했지만 한 가지 일에만 집중하지 못하는 성격 탓에 이번에도 애를 먹었다.

케플러가 신붓감을 찾는 데 얼마나 애를 썼는지는 무명의 귀족 친구에게 보낸 편지에 잘 나타나 있다. 그는 여러 신붓감 후보들을 수인 번호 매기듯 번호로만 언급했는데 후보 소개를 수학적인 어조로 표현해서 웃음을 자아냈다. 그는 행성이론에 관한 수년간의 시행착오를 "화성과의 교전상태"라고 표현한 바 있는데, 마찬가지로 신붓감 고르는 것도 자신의 마음과 전쟁을 하는 듯했다.

1번 후보는 한때 프라하에서 케플러 부부가 알고 지내던 미망인이었다. 아내는 눈을 감기 전에 남편의 새 아내로 그녀를 염두에 두었던 듯했다. 그녀는 케플러처럼 젊음이 지고 원숙함을 풍기는 사내라면 살림을 해 본 여성과 정착하는 것이 적격이라고 생각했던 듯하다. 그러나 그 미망인에게는 곧 결혼을 바라보는 두 딸이 있었고 그녀는 재산도 양도하길 거부해 어느 수탁인에게 관리를 맡겨 놓고 있었다. 게다가 그녀는 외관상 건강해 보였어도 입 냄새가 고약했다.

6년 뒤 케플러가 다시 그녀를 보게 되었을 때는 이미 매력이라고는 눈곱만큼도 찾아볼 수 없었다. 그런데다 일이 꼬이느라 그랬는지 그녀의 딸 중 하나가 케플러의 2번 후보가 되어 버렸다.

그 딸은 매력적이었고 교양도 있었지만 사치스러운 데다 살림을 꾸려 가기에는 아직 어렸고 외적으로 너무 화려했다. 이상적인 아내상이 무엇인지 또 자신은 어떤 선택을 해야 하는지를 결정하지 못해 어쩔 줄 몰라 하며 케플러는 프라하를 떠났다.

앞일은 제쳐두고라도 3번 후보가 있었으니, 그녀는 보헤미아 출신의 미망인으로 아름답고 아이들에게도 친절했다. 그녀도 재혼할 뜻은 있었지만 이미 다른 사람과 약혼한 사이였다. 그런데 약혼자가 결혼 전에 매춘부를 임신시키게 되었다. 그녀는 이 일로 그와는 이제 파혼이 성립된 걸로 생각했다. 하지만 일은 그런 식으로 진행되지 않았다.

린츠에는 4번 후보가 있었다. 그녀는 이름 있는 집안 출신으로 미모에 운동 실력까지 겸비한 사람이었다.

신붓감 고르는 일이 잘 진척되어 가는 듯하자, 케플러는 5번 후보에게는 도통 관심이 가질 않았다.

4번과 비교해 봤을 때 5번 후보는 가문도 그저 그랬고, 재산과 능력을 비교해 보아도 4번을 따라갈 수가 없었다. 그러나 그녀는 성품이 진지했고 자립적이었다. 그리고 그는 그녀의 인간적인 모습, 검소함, 근면, 아이들에 대한 헌신적인 모습에 신뢰를 보낼 수밖에 없었다.

결국 케플러는 3번 후보와 결혼을 해야 할지에 대해 조언을 구해 놓은 상태에서 마음이 흔들렸다. 그는 4번이 마음에 들기 시작했지만 그 와중에 그녀는 기다리다 지쳐서 다른 남자와 약혼을 해 버렸다. 동시에 5번 후보도 매력을 잃어 갔다.

6번 후보는 가문은 그런대로 괜찮았지만 나이가 어렸고 콧대가 높았다. 그는 다시 5번 후보를 저울질해 보았다. 그런데 그의 친구들이 5번 후보는 평민이라는 이유로 귀족인 7번 후보를 소개해 주었다. 그녀도 좋은 신붓감이었지만 그는 마음을 정하지 못했고 그녀는 케플러에게서 등을 돌렸다.

케플러의 재혼

이쯤 되자 케플러의 서툰 구혼 솜씨가 린츠 시 사람들의 입에 오르내렸다. 그래도 후보들의 행렬이 이어졌다. 8번 후보는 종교모임에도 나가지 못하는 케플러의 신앙심에 의구심을 갖고 있었다. 케플러는 폐병을 앓고 있던 9번 후보에게 자신은 사랑하는 사람이 따로 있다는 어쭙잖은 말을 했다.

10번 후보는 얼굴이 못난 데다 뚱뚱했는데 케플러는 자신의 마른 체형과 아내의 뚱뚱한 체형을 사람들이 비교하면서 비웃을 것을 염려했다. 나이 어린 11번 후보도 케플러가 마음을 정하길 오랫동안 기다리다가 결국 포기했다. 하지만 케플러의 마음속에는 오래도록 5번 후보가 자리잡고 있었다.

그는 용기를 내어 그녀에게 청혼했고 그녀도 승낙했다. 그녀의 이름은 수산나 로이팅거로 아버지는 가구업자였지만 이내 아버지를 잃고 고아가 되어 오랫동안 슈타르헴베르크 남작 부인의 보호를 받고 컸다. 그녀의 남편은 린츠에서 케플러를 후원해 준 사람이기도 했다.

수산나의 나이는 24세로 41세인 케플러에 비해 턱없이 어렸기에 그 점이 다소 문제가 되었다. 케플러의 양녀인

레기나조차도 새엄마가 너무 어려 자녀들을 돌보기에는 힘들 거라는 편지를 보내왔다. 그래도 케플러는 그녀를 사랑하고 진심으로 그녀를 믿었다.

케플러와 수산나는 1613년 10월 30일에 결혼했고, 한 둘만이 제대로 자라날 수 있었지만 아무튼 자녀도 일곱을 낳았다. 그 외로 수산나에 대한 이야기는 더 전해지지 않지만 케플러의 생애를 볼 때 보통 '무소식이 희소식'이라고 보아도 좋을 것이다.

케플러가 귀족 친구에게 편지로 쏟아낸 '새 신붓감 찾기'의 고충은 애처롭기도 하고 어떤 면에서는 우습기도 하지만, 케플러에게는 귀중한 경험이었다. 그는 여러모로 자신을 괴롭히면서도 결국 진실한 사랑을 찾게 해 준 이번 일을 겪으면서 신의 섭리에 대해 깊이 고민했다.

그는 아내 될 사람의 지위, 딸린 가족, 재산, 그리고 지역 내에서의 자신의 위치 때문에 혼란스러워했어도 마침내 진실하고 평범한 여자를 아내로 맞았다. 그는 자신의 성격을 스스로가 의아스러워했고 이렇게 묻기도 했다. "우주를 주관하시는 전지전능하신 신이시여, 저 또한 우주의 신비를 느낄 수 있을는지요?"

린츠에서의 첫 책 『포도주통의 신계량법』

케플러는 다시 연구에 몰두했다. 그는 자신의 기력이 다할 때까지 천문학 연구에 매진하고자 했다. 그는 포도주통과 관련된 흥미로운 수학 문제 해결에 역점을 두었다.

1613년 여름, 케플러는 루돌프의 뒤를 이어 즉위한 황제 마티아스의 부름을 받아 레겐스부르크로 가게 되었다. 도나우 강을 따라 린츠로 내려오던 케플러는 강둑이 다양한 형태와 크기의 포도주통처럼 경계가 지어져 있음에 흥미를 느껴 그 부피를 수학적으로 증명해 내려 했다.

통의 표면이 직선이 아니었으므로 그는 통의 부피가 얇은 판을 수없이 겹쳐 놓은 것과 대략 같을 것이라고 생각했다. 그는 이내 모든 물체의 부피를 계산하는 데 이와 유사한 방법을 사용할 수 있음을 알아차렸다.

그는 원, 타원, 포물선 따위의 원추 곡선이 만들어 내는 형태들의 연구에 이를 일반화시키고자 했다. 수학적인 정밀성은 떨어졌을지 몰라도 '포도주통을 이용한 구적법-부피 측정법'이란 우스꽝스러운 이름을 지닌 이 작업은 17세기 적분학의 발전에 귀중한 토대가 되었다.

이 책은 그리 큰 성공을 거두진 못했다. 출판업자들은 이 책을 출간해 주려 하지 않았다. 케플러는 스스로 책을 출간할 방도를 모색해야 했다. 그는 직접 인쇄공 요하네스 플랑크를 린츠로 데려와 1615년 『포도주통의 신계량법』을 발간했다. 린츠에서는 최초로 간행한 책이었다. 대의원회는 이 책에 별다른 인상을 받지 못했기에 계약서에 명시된 『루돌프표』와 지도 제작에 집중하라고 충고했다.

케플러는 지도 제작 일을 지겨워했다. 그가 작업일지에 기록한 대로 자료 수집이 "경험도 없고 야비하며 의심 많

도나우 강
독일의 바덴에서 시작하여 오스트리아, 헝가리, 발칸의 여러 나라를 거쳐 흑해로 흘러 들어가는 강. 유럽 제2의 강이며, 유럽 각국이 주요 교통로로 이용하는 국제 하천이다.

STEREOMETRIA DO-
fit, ut sequentur capacitate, quia vix vnquam profunditates ventrium ad
diametrum orbis lignei, attingunt proportionem sesquitertiam.
  Hactenus de figura Dolij Auftriaci, sequitur,

De virga cubicâ eiusq; certitudine.

THEOREMA XXVI.

  In dolijs, quæ sunt inter se figuræ similis: proportio
capacitatum est tripla ad proportionem illarum longitu-
dinum, quæ sunt ab orificio summo, ad imum calcem
alterutrius Orbis lignei.

  Sint dolia diversæ magnitudinis, specie eadem SQKT, XGCZ, quo-
rum orificia OA, diametri orbium ligneorum QK, ST & GC, XZ, eo-

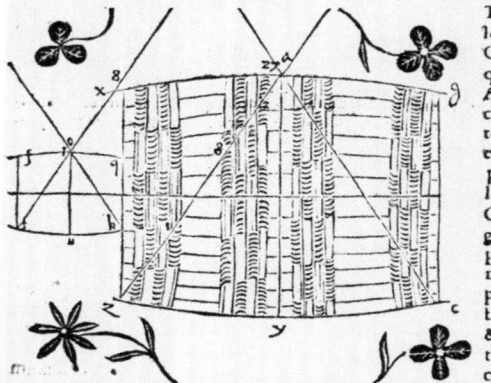

Schema XXII.

runq; ima
T, K & Z. C.
longitudines
OK, OT æ-
quales, sic &
AC, AZ Di-
co, capacita-
tes doliorū,
esse in tripla
proportione
longitudinis
OK, AC. A-
gantur enim
per O, A, pla-
na CV, AY,
parallela or-
bibus lignei,
& sint duo
trunci Coni-
ci, SV & VQ,

sic XY, & YG inter se similes. Quæ igitur de proportione dimidiorum do-
liorum sunt vera, illa etiam de duplicatis erunt vera. Sint igitur propositæ
figuræ OVKQ, AYCG, conici trunci, sintq; latera figurarum OQ, VK, &
AG, YC. Diametri Basium minorum QK, GC, diametri basium maiorum
OV, AY, & OQKV, AGCY sectiones quadrilateræ figurarum per suos
axes, similes inter se, earumq; diagonij OK, AC.

  Ergò cum figuræ similes, sint ad seinvicem in tripla proportione ana-
logorum laterum, erit proportionis AG lateris ad OQ latus, aut GC dia-
metri, ad OK diametrum tripla, proportio GY corporis ad QV corpus.
At in figuris planis trilateris AGC & OK similibus, ut GC ad analogum
QK, vel ut AG ad analogum OQ, sic etiam diagonios AC ad analogon
diago.

케플러는 『포도주통의 신계량법』(1615)에서 포도주통의 부피를 계산하는 방법을 밝히려 했다. 포도주상들은 통 위의 입구(a)에서부터 통바닥의 구석(z)까지 이르는 사선을 잼으로써 통의 부피를 계산했다. 케플러는 통의 부피가 원추 2개 부피의 합과 같다고 추론함으로써 계산 과정을 단순화시켰다.

은 소작농들의 비난과 위협" 때문에 엉망이 되었을 뿐 아니라, 지도 제작 일이 『루돌프표』의 작성에 지장을 주었기 때문이다. 대표들은 그의 건의를 받아들여 지도 제작 업무를 기계공들에게 맡겼다.

천문력을 팔아 돈을 벌다

『포도주통의 신계량법』을 간행하면서 쌓은 지식으로 케플러는 직접 출판업에 뛰어들었다. 다음 해에 그는 린츠에서 작업한 책의 간행을 플랑크에게 맡겼다. 플랑크와의 작업으로 이 책의 독일어판이 곧 출간되었고 케플러는 이렇게 제작한 책으로 꽤 짭짤한 가외 수입을 올릴 수 있었다. 이 수입은 책을 파는 것보다도 더 돈벌이가 되었다.

독일어판의 경우 케플러는 이미 삽화가 새겨진 목판이 있었으므로 새로운 식자 및 인쇄에 필요한 비용만 지불하면 되었다. 일단 그는 증정용 사본을 배포하고, 책을 발행하는 데 드는 비용은 받은 사례금으로 충당했다. 이렇게 경비를 충당하고도 단행본을 판매하기 전에 얻은 이익이 최소 40플로린에 달했다. 게다가 그는 11년간의 공백기가 흐른 후인 1616년에는 『천문력』을 발행하기로 했다. 그는 이 일을 구걸보다는 낫다고 생각했고, 천문학 교재를 발행하는 일 때문에라도 자금이 필요했다.

『신천문학』을 진행하던 케플러는 이 내용이 대부분의 독자에게 난해하리라는 것을 분명히 알았다. 또 철학적으로 생소한 것은 차치하더라도 타원과 면적 법칙이 계산을 훨씬 더 복잡하게 했다. 1611년 초, 케플러는 독자의 눈높이를 고려해 주석을 달기로 했고, 또 한편으로는 『루돌프표』의 이론적 토대를 만들기로 했다.

그는 스승인 매스틀린의 책 제목인 『천문학 개론』을 따 자신의 책에 『코페르니쿠스의 천문학 개론』이란 이름을 붙였다. 그러나 매스틀린이 지구 중심적인 견지에서 천문학을 다룬 반면, 케플러는 태양 중심설의 입장에서 천문학을 다뤘다. 교재 형태로 태양 중심설을 다룬 것은 케플러가 처음이었다.

케플러는 1616년에 플랑크에게 초판 원고를 주었다. 그 안에는 천문학의 특성과 범위에 대한 기본 자료, 지구의 형상, 천구, 지구의 공전, 태양의 일출과 일몰, 그리고 구면 삼각법에 관한 문제에 이르기까지 다양한 내용이 담겨 있었다.

이 작업을 끝내기가 무섭게 케플러는 1618년의 '천문력' 원고를 플랑크에게 건넸다. 여기에는 그해 각 요일별 행성들의 위치를 기입한 표가 들어 있었다.

천문력은 점성가와 탐험가들에게 없어서는 안 될 참고 자료였기에, 그 시대의 천문학자들에게는 돈벌이가 되는 사업이었다. 『루돌프표』는 자신만의 천문력을 만들려는 사람들에게 이론과 방법을 제공할 수 있었으므로 케플러는 가장 먼저 자신의 천문력을 작성해 상업성을 발휘해서 돈을 벌기 시작했다.

어머니가 마녀재판을 받게 되다

그는 『신천문학』에서 화성에 대한 멋진 이론을 펼쳐 왔다. 그의 아내가 1614년 린츠에 정착하면서 그는 다른 행성들에 관해 연구를 해 왔고 1616년 5월에는 천체력을 연이어 제작해 낼 수 있을 만큼 충분한 진전을 이루어 냈다. 그러나 인쇄 작업에 문제가 있었다. 『천문력』은 주로 숫자로 되어 있었지만 숫자를 표현할 만큼 인쇄기의 기능은 좋지 못했다. 케플러는 숫자 전용 장비를 발명하기로 했다. 계산은 따분했고 시간도 많이 걸렸다. 케플러는 가끔씩 보조원들의 손을 빌리기도 했지만 상당 부분은 스스로 해결해야 했다.

케플러 장비의 도움을 받은 플랑크의 인쇄기는 끊임없이 돌아갔다. 1618년의 『천문력』은 새해를 준비한다는 뜻에서 1617년이 가기 전에 나와야 했다. 1618년에는 1619년을 위한 『천문력』이 출간되어야 했다.

플랑크가 『천문력』의 출간에 따르는 뒤처리를 해 주었지만 케플러를 『루돌프표』의 작성에 몰두하지 못하게끔 하는 골치 아픈 일들이 쌓여 갔다. 우선 종교모임에서 추방당했다는 사실이 그를 몹시 괴롭혔다. 또 뷔르템베르크에 남아 있던 가족들의 문제가 그를 괴롭혔다.

1615년 12월 말, 그는 한 친척으로부터 68세가 된 자신의 노모가 마녀재판에 회부되었다는 소식을 들었다. 1년 후, 사람들은 문제가 더 악화되지 않도록 린츠에 사는 아들네로 어머니를 보내 주었다.

케플러가에 불던 폭풍은 1617년 가을이 되자 더욱 심하게 몰아쳤다. 우선 수산나와의 사이에서 낳은 두 살 반 된 딸 마가렛 레기나가 기침, 폐렴, 간질을 앓다가 1617년 9월 8일 세상을 떠났다. 이로부터 얼마 지나지 않은 10월 4일 죽은 아이와 이름이 같은 양녀 레기나도 세상을 떠났다.

레기나는 케플러가 바르바라와 결혼할 당시 일곱 살이었는데 처음부터 케플러가 많이 아끼던 딸이었다. 이후 케플러는 프라하에서 보낸 몇 년의 시간 동안 화성이론으로 고군분투하면서도 양녀 레기나가 어여쁜 아가씨로 자라나는 모습을 지켜봤다. 1608년 레기나가 필립 에험의 훌륭한 배우자가 되는 모습도 보았다.

에험은 팔라틴령의 선제후 프레드릭 4세의 제국회의를 대표했던 덕망 있는 아우크스부르크 집안의 후손이었다. 1610년의 혼란 속에 레기나 부부는 팔라틴령으로 다시 이주했지만 그녀는 케플러와 꾸준히 연락을 주고받고 있었다. 그들 부부가 레겐스부르크 근처 발더바흐로 막 이주한 시기에 그녀가 27세의 나이로 눈을 감은 것이다.

필립 에험은 자녀 셋을 돌볼 손이 절실히 필요했기 때문에 케플러에게 잠시나마 도움을 줄 열다섯 된 그의 장녀 수산나를 보내 달라고 간청했다. 케플러도 이를 수락해 도나우 강을 지나 레겐스부르크에 이르는 여행길에 그녀를 몸소 데려갔다. 그곳에서부터 그는 어머니가 한 달 전 먼저 떠난 뷔르템베르크로 향했다. 어머니가 마녀로 몰린 어처구니없는 사건을 해결하기 위해서였다.

6개월 만에 자녀 셋을 잃다

기분 전환용으로 케플러는 여행 중 『고대와 현대 음악과의 대화』라는 빈센조 갈릴레이의 저서를 갖고 다녔는데 이 책에서 천문학자 갈릴레오의 아버지는 피타고라스의 조화에 관한 이론을 옹호했다. 케플러는 그 수학적 토대 때문에 오래도록 조화론에 관심을 갖고 있었다. 이탈리아어의 어감이 조금 거칠기는 해도 라틴어와 별다른 점이 없어서 책의 4분의 3 정도는 재미있게 읽으며 여행을 계속할 수 있었다.

어머니에 대한 재판이 또 한 번 연기되면서, 뷔르템베르크로의 여행은 결실을 맺지 못하게 되었다. 대신 튀빙겐을 방문할 기회를 얻어 이제는 나이가 든 매스틀린과 자신의 새로운 표에 대해 전반적으로 논의도 하고, 빌헬름 쉬카르트라는 젊은이와의 인상적인 만남도 갖게 되었다. 빌헬름은 수학뿐만 아니라 동양의 언어인 히브리어와 아라비아어에도 능통한 사람이었다. 도중에 수산나가 잘 지내는지를 확인한 그는 린츠로 발길을 돌렸다.

1617년 12월 22일, 크리스마스 축제가 막 시작될 즈음에 그는 린츠에 도착했다. 곧이어 남은 폭풍우가 몰아닥쳤다. 수산나와의 사이에 낳은 둘째 딸 카타리나가 생후 6개

빈센조 갈릴레이

자칭 '플로렌스의 신사'였던 갈릴레오의 아버지 빈센조 갈릴레이는 수학자이자 전문적인 음악가였다. 그는 자신의 음악적 이론들을 뒷받침하기 위해 현에 대해서 실험을 하였다고 한다.

월 만인 1618년 2월 9일 병으로 세상을 떠난 것이다. 그는 6개월 사이에 자녀를 셋이나 잃은 것이다.

그는 마음에 받은 상처 때문에 가을에 손에서 놓아 둔 『루돌프표』의 작업을 더 이상 진척시킬 수가 없었다. 대신 그는 다른 연구를 통해서 집안의 극심한 불행에서 벗어나고자 했다. 그는 친구에게 다음과 같은 편지를 썼다.

> 표 작업에 매달리자면 우선 마음이 안정되어야 할 텐데 지금 내 상태로는 불가능하군. 그 작업은 그만두기로 했네. 대신 '조화론'을 발전시켜 나가 보기로 마음을 바꿨네.

처음에 케플러는 '조화'라고 하는, 세계에 관한 수학적 규칙의 규명에 몰두할 생각을 했다. 이때가 슈타이어마르크의 개신교도들에 대한 탄압이 날로 심해진 동시에 장녀 수산나가 세상을 떠난 직후인 1599년이었다. 당시 그는 수학적인 조화에 대한 생각을 꽤 구체적으로 그려 오고 있었고 저술할 책에 대한 구상까지 해 둔 터였다.

음악이 보여 주는 수의 조화로움

케플러는 클라우디우스 프톨레마이오스의 『조화』 사본 (이 책은 처음에는 라틴어로, 후에는 그리스어로 번역되었다)을 접하고는, 자신의 이론과 흡사함에 간담이 서늘해질 정도였다. 1500년이라는 시간을 두고 다른 시대를 살았던 두 사람이 같은 주제에 헌신했다는 사실 앞에서 케플러는 신의 뜻대로 자신이 시공을 초월했음을 느꼈다. 그는 "시간을 초월해 스스로를 드러내는 자연의 그 본성이 바로 신의 섭리다"고 썼다.

케플러가 1618년에 다시 시작한 연구는 종교에서 과학으로 직업을 전환했을 때 선택했던 것으로, 자연이라는 책에서 신의 영광을 나타낼 수 있는 분야였다. 그는 『우주의 신비』에서 그랬듯 자연의 수학적 규칙을 강조함으로써 조물주의 지혜를 보이려 했다.

낯선 분야라고 해서 케플러가 이성적으로 설명하기 힘든 신과의 영적 교감을 강조하는 신비주의에만 의지했다고 생각해서는 안 된다. 그 반대로 케플러의 연구는 대단히 이성적이었다. 조화의 모든 면을 부각시키면서 이성적인 설명을 끌어내느라 그의 논리가 억지 해석으로 보이는 경우가 있었지만, 그는 합당한 근거를 찾기까지 가혹한 질문 공세를 펼쳤다.

고대부터 인간은 자연의 근본적인 수학적 관계가 조화롭다는 사실을 알고 있었다. 이미 기원전 6세기에 피타고라스는 종교적 경외감에 조화로운 수가 어떤 역할을 하고 있음을 알았다. 그 첫 번째 현상이 음악에서 발견되었다.

현을 한 번 당기고 그 현의 중간을 손가락으로 누른 후 다시 당기면 이때 나오는 음에는 한 옥타브의 차이가 있다. 이때 현 길이는 비율이 1:2이다. 화성을 이루는 수는 제한되어 있다. 현의 길이 비율이 2:3일 때 5도음이 나오

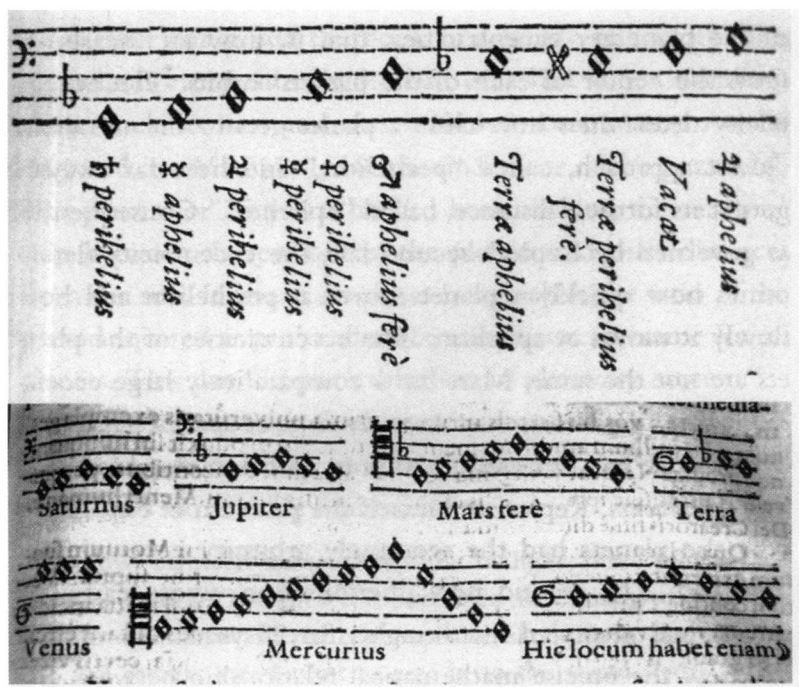

『세계의 조화』 5권에 나오는 이 음계들은 행성들의 속도가 어떻게 음악의 화음들과 대응하는지를 보여 준다. 위의 음계에서는 행성들의 근일점과 원일점의 위치가 옥타브를 결정함을 보여 준다. 옥타브는 토성의 근일점에서 시작해 목성의 원일점에서 끝난다. 아래의 음계들은 행성들과 달의 위치가 음계의 음표와 관련이 있음을 나타낸다. 각 음계들은 행성(또는 달)의 원일점에서 시작해 근일점에서 끝난다.

며, 3:4일 때 4도음, 3:5일 때 장조 3도음, 5:8일 때 단조 3도음, 4:5일 때 장조 6도음, 그리고 5:6일 때 단조 6도음이 나온다. 그렇다면 현의 길이와 화성 간에는 어떤 관계가 있는 것일까?

또 조화가 지구에서 행성 간의 거리를 설명할 수 있는 것으로 생각했다. 행성들도 일정한 간격을 이루면서 질서 있게 배열되어 있다고 생각한 것이다. 이와 같이 조화로운 공간이란 개념은 '천체에도 음악이 있다'는 생각으로 이어졌다.

신과 창조물 사이의 조화

피타고라스와 플라톤은 수를 모든 체계의 기본으로 보았다. 그러나 케플러는 수나 양을 가장 기본적인 것으로 보지 않았다. 그래서 그가 『우주의 신비』에서 왜 행성이 6개만 존재할까 하고 의문을 제기했을 때도 수 6에는 연연해하지 않았다. 대신 그는 가장 기본적인 것을 기하학으로 보았다. 그는 "사물이 생기기 이전부터 기하학은 신의 마음속에 존재해 왔다"고 생각했다.

그러므로 조화에 대한 그의 연구는 기본적으로 기하학의 두 가지 본질적인 부분에서 출발했다. 그는 수에 대한 '인지능력'에 차별성을 두었다. 자나 컴퍼스 같은 고전적인 유클리드식 도구로 이등변 삼각형, 사각형, 오각형, 육각형, 팔각형 등의 모양을 각기 만들어 낼 수 있기 때문이

유클리드
(BC 330~BC 275)
고대 그리스의 수학자. 기하학의 원조로, 『기하학 원본』을 써서 유클리드 기하학의 체계를 세웠다.

플라톤 입체

정다면체는 각 면이 모두 합동인 정다각형이고, 또 각 꼭짓점에 모이는 면의 개수가 같은 볼록한 다면체를 말한다. 플라톤은 정다면체가 5가지뿐이라는 사실이 몹시 신기했던지 우주를 구성하는 4가지의 원소를 정다면체와 대응시켰다. 흙-정육면체, 불-정사면체, 공기-정팔면체, 물-정이십면체 등 정다면체를 하나씩 대응시켜 정십이면체가 우주를 상징한다고 믿었다.

다. 반면 7면으로 된 칠각형은 이렇게 만들 수 없으므로 그는 신께서 직접 세상을 설계하실 때 칠각형을 사용하지 않았으리라 생각했다. 그는 자신이 내린 결론을 잘 정리해서 수학 분야에 종사하고 있는 친구에게 편지를 썼다. "허망한 인생사일지라도 우리 인간이 신과 같은 이해력을 지닌 한, 이런 것들을 인간 스스로도 꽤 잘 이해할 수 있겠지."

케플러 책의 처음 두 장은 기본적으로 수학에 관한 것이다. 예를 들어 그가 정의한 '합동'은 오늘날까지도 수학에서 없어서는 안 될 기초가 되었다. 케플러가 정의 내린 '합동'은 마주 보는 다각형의 면이 일치하거나, 한 면이 규칙적으로 완전히 일치하는 특성을 가진 경우를 말한다.

사각형, 삼각형, 육각형은 완전히 합동을 이루기 때문에 마룻바닥의 타일로 쓰일 수 있다. 따라서 이 이론을 '타일 이론'이라고 한다. 또 그는 60면으로 이루어진 두 가지 입체를 발표했다. 그러나 20면체의 면 각각에 4면체를 붙인 경우처럼 이것들은 플라톤 입체 위에 붙인 것이므로, 케플러는 이것들이 플라톤의 입체 5개보다 중요성이 덜하다고 생각했다.

케플러는 오직 인지 가능한 다각형만이 원주가 일정 수의 다각형으로 분할되어 적분이 가능하다고 주장함으로써 자신의 수학을 음악의 화성에 적용했다. 예컨대 팔각형과 오각형은 자와 컴퍼스로 모양을 만들 수 있으므로 인지 가능한 도형이라는 것이다. 팔각형은 원 하나를 8개의 동일한 크기의 호로 나눈다.

오각형도 인지 가능한 다각형이므로 5개의 호로 나눌 수 있으며 호의 길이도 원주와 비교할 수 있다. 이 경우 길이 비는 5:8로 단음 3도의 현 비율과 같다. 반면 칠각형은 인지 가능한 다각형이 아니므로 7:8 비율의 호는 조화를 이루지 않을 것이다. 조화의 두 유형이 나타나는 이유는 궁극적으로 신과 그의 창조물 사이의 관계에서 유래했다고 할 수 있다. 사람은 신의 모상에 따라 창조되었으므로, 비록 수학에 무지하더라도 유전적으로 인지 가능한 다각형으로 생긴 불변율에 대해 알 수 있다.

케플러의 행성운동 제3법칙

조화에 대한 케플러의 책은 5장에서 최고조에 이른다. 그는 5장에서 행성의 공간과 음악의 화성과의 관계에 대해 기술했다. 그는 이미 『우주의 신비』에서 신은 플라톤 입체 5개에 기초해서 행성 간 공간을 두었다고 주장한 바 있다. 그는 여전히 그 생각을 포기하지 못했지만 두 가지 현상의 원인을 규명하고자 했다.

그 한 가지가 행성의 이심률의 크기였다. 다시 말해 각각의 행성 궤도의 중심과 태양과의 거리가 얼마만큼 떨어져 있는가 하는 것이었다. 이심률은 행성이 태양과 가장 가깝게 접근해 있는 '근일점', 그리고 가장 멀리 떨어져 있는 '원일점'으로 결정된다.

결과적으로 케플러의 행성운동 제2법칙에 따라 이심률은 행성의 운동 속도의 빠르기에 따라 '근일점'과 '원일점'을 결정짓는다. 행성의 이심률은 각기 다르다. 화성은 이심률이 꽤 큰 반면, 금성은 거의 없다.

케플러는 『우주의 신비』를 썼던 20여 년 전부터 무엇 때문에 행성의 이심률이 다른 것인지를 설명하는 데 애를 먹었다. 케플러는 두 번째 현상의 원인을 규명하는 데 25년을 소비했다. 그는 태양과 행성 간의 평균 거리와 그 궤도 주기(궤도를 따라 행성이 한 바퀴 도는 데 걸리는 시간) 사이에 놓인 수학적 관계를 알고 싶어 했다.

케플러는 이 질문들에 대한 답이 모두 조화와 깊은 관계가 있을 것이라고 생각했다. 그러나 정확히 근일점과 중간 지점, 그리고 원일점을 비교해 보아도 조화로운 관계가 드러나지 않았다.

여기서 케플러는 태양에서 바라보는 행성들의 각 속도 사이에서 조화로운 관계가 있지 않나 하고 조사를 해 보았다. 이는 원일점에서의 최저 속도, 그리고 근일점에서의 최고 속도 사이에 있는 행성 궤도 안에서 찾을 수 있을 것이었다. 또 이러한 관계가 존재한다면 행성이 이심률을 갖는 이유에 대해 설명할 수 있을 것이었다.

그리고 이런 관계는 두 행성 사이에, 다시 말해 한 행성의 원일 속도와 다른 행성의 근일 속도 사이에 있을 것이었다. 그러한 관계는 서로 간에 영향을 받는 행성 간 공간에서 비롯된 것이었다. 이것이 까다로운 문제이긴 했지만,

케플러는 마침내 음악의 화성을 모두 구체화시키는 배열을 발견하고, 이를 관찰된 행성의 거리와 이심률에 대응시키는 데 성공했다.

케플러는 조화에 대해 품어 왔던 모든 생각을 한데 모아 열정을 다해 책을 썼다. 그리고 마침내 1618년 5월 15일, 퍼즐의 마지막 조각을 맞출 수 있었다. 그는 25년 동안, 행성의 주기와 태양과의 거리 사이에 어떤 관계가 있는지를 찾고 있었다. 무척이나 간단한 것이었다. "태양으로부터 행성의 평균 거리의 세제곱은 행성의 공전 주기의 제곱에 비례한다"는 것으로, 이것이 바로 '케플러의 행성운동 제3법칙'이다.

케플러는 마지막 미스터리를 밝힘으로써 평생 최고의 업적이 된 저서를 마칠 수 있었고 그는 비로소 환희에 차 다음과 같이 말했다.

이제 서광이 비친 지도 1년 하고도 6개월이 되었고, 태양이 떠오른 지는 3개월이 되었다. 가장 찬란한 명상의 빛이 발한 지는 고작 며칠이 지났을 뿐이다. 그러나 아무것도 나를 묶어 두지 못한다. 나는 그것을 신성한 정열에 맡기고 싶다. 사심 없이 고백하건대 나는 한 줌의 흙으로 돌아갈 인간들을 꾸짖고 싶다. 나는 이집트의 성벽에서 먼 곳에다 하느님을 위한 전을 짓고자 이집트의 금잔을 훔쳤다. 내가 용서받을 수 있다면 나는 기뻐 춤출 테고, 내게 분노한다면 나는 견뎌 내리라. 주사위는 이미 던져졌고 나는 책을 쓰고 있다. 이 책이 이 시대만을 위한 것인지 아니면 영원을 위한 것인지는 중요하지 않다. 신께서 당신의 계획하심을 위하여 6000년을 기다려 왔듯이 이 책 또한 100년은 기다릴 수 있으리라.

1618년 5월 27일, 케플러는 펜을 내려놓았다. 케플러의 걸작『우주의 조화』5권이 완성된 것이다. 케플러는 이 책을 잉글랜드의 제임스 1세에게 헌정했는데, 그가 당시에 있었던 유럽의 종교 전쟁을 중재하기를 바라는 마음에서 내린 결심이었다. 신이 당신의 피조물들에게 부여한 훌륭한 조화처럼 제임스 1세 역시 교회와 국가의 조화와 평화를 위해 노력하기를 바라는 마음에서였다.

그렇지만 소망은 소망으로 그치고 말았다. 때가 너무 늦었던 것이다. 이웃의 보헤미아가 나흘 전에 함락되어 혁명으로 치닫고 있었다. '30년 전쟁'이 시작된 것이다.

30년 전쟁
1618년에서 1648년까지 독일을 중심으로 유럽의 여러 나라 사이에서 일어난 종교 전쟁. 합스부르크가의 구교에 의한 독일 통일책에 대하여 신교의 대제후들이 반란을 일으킨 것이 시초가 되어 여러 나라 간의 전쟁으로 번졌다가, 베스트팔렌 조약에 의하여 프랑스의 승리로 끝났다. 그 결과 네덜란드·스위스가 독립하였으며, 독일의 신·구 양교는 동등한 권리를 획득하게 되었다.

케플러의 제3법칙

행성 주기는 수세기 동안 비교적 정확히 알려져 있었다. 그에 반해 행성들 사이의 상대적인 거리는 정확히 알려진 바가 없었다. 그러나 케플러는 『루돌프 표』 작업 과정에서 티코 브라헤의 정확한 관측 결과를 통해 행성들 사이의 거리에 대해 상당히 신뢰할 만한 측정값을 확보할 수 있었다. 케플러가 가지고 있던 수치 자료는 다음과 같다.

	수성	금성	지구	화성	목성	토성
주기	88	225	365	687	4,333	10,759
거리	388	724	1,000	1,524	5,200	9,510

주기의 단위는 일(日), 거리는 지구와 태양 사이 평균 거리를 1/1000로 축약했다. 주기 단위를 연(年)으로 바꾸고 거리를 지구와 태양 사이 평균 거리를 뜻하는 1천문단위(A.U.)로 환산하면 다음과 같다.

	수성	금성	지구	화성	목성	토성
주기	0.24	0.616	1.00	1.88	11.87	29.477
거리	0.388	0.724	1.00	1.524	5.20	9.51

우리는 이미 코페르니쿠스가 언급했던 상관관계, 즉 행성 주기와 거리 사이

에는 상호 연관관계가 있음을 확인한 바 있다. 그러나 케플러가 찾고자 한 것은 모든 행성에 대해 동일하게 성립하는 행성 주기와 거리 사이의 정확한 상관관계였다. 우리도 한번 그와 같은 작업을 시작해 보자. 행성 주기와 거리 사이의 비를 구하면 다음과 같다.

	수성	금성	지구	화성	목성	토성
주기/거리	0.62	0.851	1.00	1.23	2.28	3.10

수성부터 토성에 이르기까지 주기/거리 값의 분포가 일정하지 않다. 모든 행성에 대해 성립하는 일정한 값을 아직 찾지 못한 것이다. 거리의 또 다른 인수를 찾아 분모를 나누면 수성의 값은 증가하는 반면 토성의 값은 감소할 것이다.

	수성	금성	지구	화성	목성	토성
주기/거리^2	1.6	1.18	1.00	0.809	0.439	0.326

그러나 그 결과 그만 심각한 역효과를 낳았다. 수성의 값이 토성의 값보다 더 커지는 불상사가 생긴 것이다. 주기의 또 다른 인수를 찾아 분자에 곱해 주어야 한다.

	수성	금성	지구	화성	목성	토성
주기^2/거리^2	0.38	0.724	1.00	1.52	5.21	9.61

언뜻 보기에는 헛수고만 한 것 같다. 처음 시작할 때보다 값의 분포가 더욱

크게 벌어졌다. 그러나 두 번째 표와 비교해 보기 바란다. 주기^2/거리^2 값이 두 번째 표의 거리 값과 비슷해지는 기현상이 일어났다. 거리의 또 다른 인수를 찾아 다시 한 번 분모를 나누어 보자. 값들이 고르게 분포할 것이다.

	수성	금성	지구	화성	목성	토성
주기^2/거리^3	0.99	1.00	1.00	1.00	1.00	1.01

마치 마법 같지 않은가. 주기의 두제곱을 거리의 세제곱으로 나눈 결과, 모든 행성에 대해 거의 완벽하게 동일한 값에 도달한 것이다. 각 행성별로 주기와 거리 사이에 성립하는 상관관계를 케플러는 20년 동안에 걸쳐 찾아냈던 것이다.

다른 천체를 공전하는 모든 천체에 대해 성립하는 케플러의 제3법칙을 오늘날 방식으로 표현하면 다음과 같다.

$$\frac{p^2}{a^3} = k$$

이 공식에서 p는 주기를, a는 거리를 의미한다. 일정한 상수를 뜻하는 k의 값은 궤도 운동하는 천체와 사용하는 주기 단위에 따라 달라진다. 주기는 연(年), 거리는 천문단위를 사용하여 케플러의 제3법칙을 태양계에 적용하면 그 값은 1.00 연^3/천문단위^{3}로 떨어진다. 거리 단위를 다른 것으로 바꾸면 그와 같이 우아한 상숫값이 나오지 않는다. 우리 태양계 외에 다른 항성계에서는 상숫값도 달라진다.

마녀 재판이 시작되다

5

1618년 분노한 개신교 대의원들이 가톨릭 집정관 두 명과 그 비서관들을 프라하 흐라트신 황궁 창밖으로 집어 던지고 있다. 30년 전쟁에 불을 붙인 도화선이 된 사건이었다.

1618년 3월 23일, 개신교 대의원들이 성난 파도처럼 프라하 흐라트신 황궁 회의실을 덮쳤다. 그곳에서 가톨릭 관료 두 명을 붙잡은 그들은 유서 깊은 보헤미아의 반란 전통에 따라 두 명을 건물 창밖으로 집어던졌다. 그것이 이른바 '프라하 창밖 투척 사건'으로 30년 전쟁의 시작이었다.

광기와 파괴로 얼룩진 전쟁은 독일을 폐허로 만들었으며, 군대의 약탈 행위가 날로 규모를 더해 가 독일 전역을 휩쓸었다. 그 과정에서 기근과 질병으로 독일 인구의 3분의 1이 사망했으며, 독일은 옛 영광을 잃고 빈껍데기 신세로 전락했다. 마침내 지칠 대로 지쳐 더 이상 전쟁을 치를 수 없는 상황에 이르러서야 겨우 전쟁에 마침표를 찍고 베스트팔렌 조약(1648)을 맺기는 했지만, 그것은 케플러가 세상을 뜬 지 한참 지난 후의 일이다.

보헤미아의 봉기

베스트팔렌 조약
1648년에 30년 전쟁(1618~1648)을 종결시킨 유럽 사상 최초의 국제회의다. 독일 북부 베스트팔렌 지방의 오스나브뤼크에서 독일, 프랑스, 스웨덴 등의 여러 나라가 체결했다.

긴장이 최고조에 달한 것은 1618년이었으나, 이는 그동안 쌓인 불만의 표출이었다. 가톨릭과 개신교 사이의 대립은, 위태위태하게 신성로마제국을 이루고 있던 공작령과 제후국을 갈기갈기 찢어 놓았다.

신성로마제국 황제가 가문에서 물려받은 직할 영지였던 북부 오스트리아와 남부 오스트리아 지역도 예외는 아니었다. 그곳에서도 언제 종교 충돌이 일어날지 모르는 상황이었다. 그 땅의 주인이 가톨릭이었음에도 개신교들이 세를 불려 나가며 지역을 단단히 장악하고 있었기 때문이다.

대공 페르디난트 2세가 가문에서 물려받은 자기 영지를 가톨릭으로 개종시키는 작업을 벌이기는 했지만 그 정도로는 어림없었다. 대세를 뒤집기에는 지역이 너무 좁았다.

합스부르크 왕가의 영지에 속하지 않은 독립 국가들은 신앙에 대한 자신들의 자주권 수호 협약에 따라 개신교 연합(1608)과 가톨릭 연맹(1609)으로 갈라져 있었다. 황제의 영토 이외 지역에서는 자기 종교 신자들에 대해 금전적·군사적 지원을 하겠다고 약속한 협약이었다. 개신교와 가톨릭 사이에는 전쟁을 예고하는 단층선이 형성되고 있었다. 전쟁이 일어난다면 유럽의 주요 세력 전부가 휘말려들 판국이었다.

보헤미아에서 봉기가 일어났고, 드디어 전쟁이 시작되었다. 보헤미아를 지배하던 개신교도들은 오랜 기간에 걸쳐 외부의 간섭을 철저히 배척한 채 종교적인 자유를 누려오고 있었다. 1617년, 그들이 대공 페르디난트 2세를 마티아스 사후에 왕위를 이을 '왕위 계승자'로 지목했던 것도 같은 이유에서였다. 그렇게 하면, 그들이 선왕 루돌프 2세와 마티아스를 압박해 얻어 낸 종교적 자유를 페르디난트 2세 역시 계속해서 존중해 주리라 믿었던 것이다.

그들에게는 대공을 미심쩍게 여길 만한 이유가 있었다. 많은 사람들이 대공의 종교적 박해를 피해 보헤미아로 이주해 살고 있었기 때문이다.

신성로마제국 황제 페르디난트 2세. 그는 슈타이어마르크 대공 시절을 시작으로 제국 황제 재위 기간에도 개신교도들과 일전을 불사했다. 그 결과 어마어마한 정치적 혼란을 불러일으켰다.

그러나 보헤미아인들은 곧 페르디난트 2세를 '황제 계승자'로 지명한 자신들의 선택을 후회했다. 다음 황제 문제를 협의하기 위해 빈에 있는 제국의 황궁(그곳에는 마티아스도 돌아와 있었다. 제국의 수도이던 프라하의 황금시대도 종말을 고했던 것이다)으로 돌아온 페르디난트 2세는 프라하를 10명의 섭정관들에게 맡겼다. 그중 7명이 가톨릭이었다. 개신교 세력의 득세를 더 이상 좌시하지 않겠다는 분명한 의지의 표현이었다.

전쟁의 소용돌이 속에서 개신교도로 남은 케플러

1618년 봄 개신교도들은 반개신교 정책에 대한 대응 방안을 논의하기 위해 보헤미아 주 대의원 회의를 소집했다. 흐라트신 황궁에 있던 섭정관들은 회의 해산을 명령했다. 그러나 섭정관들이 이런 명령을 할 권한은 없었다. 대의원 회의는 법이 보장하는 권리였다. 대의원들은 흐라트신 황궁으로 쳐들어가 섭정관 두 명을 비서관들과 함께 창밖으로 내던졌다. 반란이 시작된 것이다.

보헤미아 주들은 단독 임시정부를 수립하고 군대를 모집하기 시작했다. 페르디난트 2세는 반격을 계획했지만 시간이 필요했다. 그러는 사이에 1618년 여름, 루사티아, 슐레지엔, 그리고 북부 오스트리아가 반란에 가담했다. 이듬해 여름에는 모라비아와 남부 오스트리아가 가담했다.

파죽지세로 남진해 남부 오스트리아까지 진격한 반란군

은 제국의 수도 빈을 포위했다. 그 무렵 페르디난트 2세는 교황과 에스파냐의 합스부르크 왕가의 지원으로 병력 3만에 달하는 제국 군대를 모집했다. 빈에서 반란군을 제압하고 포위망을 무너뜨린 제국 군대는 보헤미아 남부 지역을 공략했다.

이제 무대 중앙을 차지한 것은 정치였다. 1619년 6월 보헤미아 왕국의 주들은 남부 오스트리아와 북부 오스트리아 주들과 동맹 조약을 체결했다. 그 과정에서 신성로마제국의 황제이자 보헤미아의 국왕이던 마티아스가 서거했다. 8월 보헤미아인들은 페르디난트 2세를 '왕위 지명자'로 선택한 자신들의 결정을 무효 처리하고 개신교 지역이던 팔츠의 유명한 칼뱅교 왕자, 프리드리히 5세를 새 국왕으로 추대했다.

바로 그 시기, 1618년 8월 28일 프랑크푸르트에 모인 7선제후들은 페르디난트 2세를 신성로마제국의 새 황제로 선출했다. 그 직후 새 황제는 가톨릭 연맹의 강력한 지도자이던 바이에른의 공작 막시밀리안과 협상을 위해 남쪽 뮌헨을 방문했다.

협상이 타결됐다. 막시밀리안의 가톨릭 연맹 군대는 북부 오스트리아를 통해 동쪽에서 보헤미아를 공격하기로 했다. 그와 동시에 황제의 군대는 빈을 출발해 남부 오스트리아에 주둔한 보헤미아 군대를 공격하는 한편, 에스파냐의 치하에 있는 네덜란드에서 출발한 군대는 팔츠를 공격해 바이에른의 후방 측면을 보호해 주기로 한 것이다.

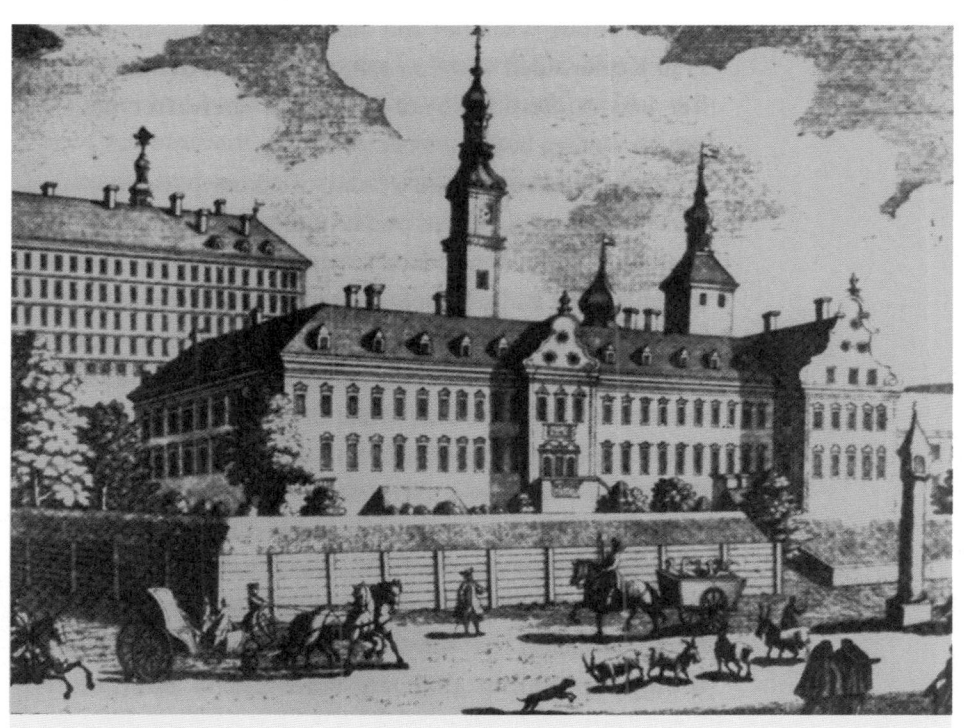

린츠 시에 자리 잡은 란트하우스, 즉 주청사 건물. 주청사 건물 뒤편과 오른편에 위치한 개신교 학교에서 케플러는 교사로 근무했다. 주청사 지붕 위로 학교 탑이 보인다.

1620년 6월 17일 가톨릭 연맹의 3만 군대가 북부 오스트리아로 쳐들어왔다. 그들의 일차 공격 목표는 린츠 시였다.

북부 오스트리아 주들이 보헤미아 반란에 동조한 것은 신중하지 못한 처사였음이 드러났다. 바이에른의 군대는 린츠 시를 점령하자마자 즉각적인 보복에 들어갈 것이 뻔했기 때문이다. 케플러는 당장 자신의 앞날이 염려스러웠다. 케플러는 이미 한차례 페르디난트 2세의 반개혁 정책을 경험한 바 있었다.

그런 한편, 새 황제는 아직 유임 여부를 결정하지 않고 있었지만, 케플러는 18년간에 걸쳐 두 황제를 모신 제국 수학자였다. 그런 연유로 『루돌프표』를 편찬 중이던 그는 아직 합스부르크 왕가에 매인 몸이었다. 과연 자신이 계속해서 천문학 연구를 하며 개신교도로 남을 수 있을까?

어머니가 마녀재판에 몰리다

1620년 가을 바이에른 군대가 시를 점령한 이후 케플러에게 린츠 시를 떠나 뷔르템베르크로 돌아가야 할 일이 생겼다. 어머니에 대한 마녀재판을 심의 중이던 재판부에서 그의 법정 출석을 요구했던 것이다.

린츠 시에서는 불안이 점차 증대되고 있었다. 케플러는 신중하게, 위험에 직면한 가족들을 피신시키기로 결심했다. 그는 가족들을 데리고 멀리 레겐스부르크로 이주해 그곳에서 가족들이 머물 만한 장소를 물색하기로 했다. 왜 떠나는지 이유를 밝히기에는 남우세스러운 일이었으므로 그는 소리 소문 없이 시를 떠났다.

그와 가족들이 어디로 떠나는지에 대해 그는 자신의 조수 그링갈레투스에게조차도 귀띔을 하지 않았다. 케플러가 가족과 함께 자취를 감췄다는 사실을 접한 린츠 시민들은 그들이 다시는 돌아오지 않을 결심을 하고 시에서 도망친 것이라 짐작했다.

일련의 사건들이 이어져 결국에는 최대 고비를 맞은 어머니에 대한 마녀재판의 발단은 5년도 넘는 과거로 거슬러 올라간다. 하찮은 일에서 비롯된 추저분한 사건이었다. 마법은커녕 개인의 탐욕과 음모와 험담이 돈 문제와 뒤엉켜 빚은 사건이었다. 비록 그렇기는 했지만 재판장에서 초자연적인 현상을 다루는 일은 그 당시 결코 드문 일이 아니었다.

실제로 남부 독일에서 마녀재판 횟수는 16세기 말에서 17세기 초에 걸쳐 광적인 분위기를 띠며 최고점에 달했다. 케플러 부인 사건이 발생했을 당시, 그녀가 살던 레온베르크에서는 단 몇 달 사이에 여섯 명의 여성이 마녀재판에서 사형을 언도받았다.

케플러 부인 사건은 그녀의 고약하고 오지랖 넓은 성격 때문에 벌어진 일이었다. 케플러 자신도 자기 어머니의 "주의력 없고, 참견하기 좋아하며, 다짜고짜 따지고 덤비기 좋아하는" 성격적 결함을 인정했지만 그것은 나이 일흔

먹은 노인네의 박약한 정신이 빚은 허물이라 생각했다. 민간요법과 약초 치료에 대한 그녀의 열렬한 관심 역시 그녀를 마녀로 내몰아 기소하기 좋은 구실거리였다.

마녀라는 헛소문

케플러 부인의 상대는 성격이 까다롭고 불안정한 여성이었다. 유리공의 아내였던 그녀의 이름은 우르술라 라인볼트로, 케플러는 그녀를 "광녀"라 칭했다. 라인볼트 부인은 케플러의 막냇동생 크리스토프와 다소 서운한 일이 있었다. 서로 낯 붉히며 말다툼을 벌이던 중 크리스토프가 그녀의 아픈 곳을 건드렸다. 매춘부로 감옥살이를 한 적이 있던 그녀의 과거를 들먹거리며 빈정댔던 것이다.

그녀는 자신과 친구 사이이던 케플러 부인을 찾아가 부인의 아들이 자신에게 뭐라고 했는지 아느냐며 따졌지만 케플러 부인은 그녀의 하소연을 들은 척도 하지 않았다. 크리스토프가 자신에게 했던 험담을 되풀이하며 케플러 부인은 아들을 두둔했던 것이다. 그런 일을 겪은 라인볼트 부인은 모자에게 앙심을 품었다.

라인볼트 부인은 부정하게 임신한 아이를 지우기 위해 약물을 자주 복용했다. 그런데 어느 날 복용한 약물이 탈을 일으켰다. 그녀는 자기의 병이 약 때문이거나 뷔르템베르크 공작의 궁정 이발사이자 외과의사인 자기 오빠의 엉터리 처방 때문이 아니라, 3년 반 전 케플러 부인이 지어 준 약물 때문이라고 생각했다.

　레온베르크 법원 집행관이던 루테루스 아인호른과 술을 마시고 거나하게 취한 라인볼트 부인의 오빠는 케플러 부인에게 욕지거리를 하며 그녀를 윽박질렀다.

　그는 마침내 칼자루를 뽑아 그녀의 목에 들이대며 자기 여동생에게 먹일 '마녀의 해독제'를 내놓지 않으면 그녀를 찌르겠다고 협박했다. 그러나 그럴 수는 없는 상황이었다. 그랬다가는 자신이 마녀라고 스스로 인정하는 꼴이었기 때문이다. 온몸이 사시나무처럼 떨렸지만 그녀는 물러서지 않고 강경하게 응수했다. 라인볼트 부인을 탈나게 한 것은 자신이 아니며 자신은 부인의 병을 고칠 수 없다는 것이었다. 마침내 술에서 깬 아인호른이 나서서야 그 험악한 사태는 수습됐다.

　꼴사나운 경우를 당한 케플러 부인에게 그 일은 아무런 법적 대응 없이 그냥 넘어갈 사안이 아니었다. 그냥 넘어간다면 라인볼트 부인이 퍼뜨린, 케플러 부인은 마녀라는 헛소문은 더욱 빠른 속도로 퍼져나갈 것이고 그러면 더욱 상황이 위험해질 수도 있었기 때문이다.

　1615년 8월 자신의 아들 크리스토프와 마을 목사이던 사위 게오르크 빈더의 도움을 받아 케플러 부인은 자신에게 마녀라는 누명을 씌운 라인볼트 부인을 명예훼손 혐의로 고소했다. 10월 케플러의 여동생 마르가레테 빈더는 그와 같은 사정을 린츠에 있는 케플러에게 편지로 알렸다.

어머니가 마녀로 등장한 케플러의 수필

마르가레테의 편지는 12월 29일에야 도착했다. 케플러의 처신은 신속하고 단호했다. 1616년 1월 2일, 그는 레온베르크 시의회 앞으로 비분강개한 편지를 써 보냈다. 제국 수학자라는 자신의 지위를 최대한 이용해, 그는 법원 집행관의 처신과 자기 어머니에 대한 대우, 그리고 자신 역시 '금지된 마술'과 어떻게든 연관되어 있다는 어처구니없는 악성 비방에 대해 격렬히 항의하는 내용이었다. 그는 어머니의 법정 소송 행위와 관련된 모든 서류를 필사해 자신에게 발송할 것을 요구했다.

케플러는 어머니가 겪는 고초의 원인 제공자가 자신인 것만 같아 마음이 쓰라렸다. 몇 해 전 그는, 달에서 바라본 하늘의 모습을 재미난 허구로 엮은 학창 시절 수필 한 편을 개작한 바 있었다.

주인공에게 달에 대해 알려 줄 등장인물이 필요하다고 느낀 케플러는 주인공의 어머니에게 그 역할을 맡겼다. 그러나 주인공의 어머니가 민간 주술을 행하는 노파로 악령을 불러 달에 대해 알려 준다는 설정이 화근이었다. 케플러의 실제 어머니와 어느 정도 비슷했던 것은 사실이지만 그렇다고 해서 자신의 어머니가 곧 마녀라는 뜻은 아니었다.

케플러는 그 짧은 수필의 필사본이 어찌어찌하여 1611년 튀빙겐까지 흘러 들어가 '이발소에서 이야깃거리로 읽

했을 것'이라고 짐작했다. 그런 상황에서 궁정 이발사이자 외과의사이던 자는 그것을 케플러의 어머니가 마녀라는 사실을 증명할 좋은 증거라 여겼을 것이다. 케플러는 심한 죄책감을 느꼈지만 사실 그의 수필은 레온베르크에서 있었던 암울한 사건과는 거의 연관이 없었다.

레온베르크에서 루테루스 아인호른은 난처한 입장에 처했다. 법원 집행관으로서 그는 시에서 법을 대표하는 인물이었다. 그러나 그는 케플러 부인의 소송을 불러일으킨 사건 현장에 있던 당사자이기도 했다. 그는 증인 출석을 회피하기 위해, 혹은 사건 당시 자신이 한 역할을 숨기기 위해 케플러 부인 대 라인볼트 부인 사건을 가능한 한 차일피일 미루고자 했다. 따라서 1616년 9월 21일까지 증언 일정조차 잡히지 않았다.

마녀의 손자국

일정이 잡히고 법적 절차 개시가 엿새 앞으로 다가온 시점에서 문제를 더욱 꼬이게 하는 일이 발생했다. 어느 날 길을 걷던 케플러 부인은, 가마로 벽돌을 나르는 소녀들과 마주쳤다. 좁은 길이었다. 소녀들은 마녀라는 악소문이 떠돌던 그녀를 멀찌감치 피하기 위해 길을 비켰다. 그런데 약간의 말다툼이 벌어졌다.

케플러 부인은 단지 소녀들의 옷을 털어 주며 깨끗이 하고 다니라는 말을 건넸을 뿐이라고 주장했지만, 한 소녀의 주장은 달랐다. 부인이 자기 팔을 쳤다는 것이다. 그리고 그런 다음부터 시간이 갈수록 팔이 점점 더 아프더니 결국에는 감각도 없고 움직일 수도 없게 되었다고 맞받아쳤다.

이틀이 지나 음모가 진행됐다. 소녀의 어머니이자 일용직 노동자의 아내이던 발부르가 할러는 우르술라 라인볼트에게 빚이 있었다. 할러 가족은 라인볼트 편을 들어 주기로 했다.

튀빙겐의 이발사이자 외과의사가 말을 타고 나타났다. 사건 사흘 후 할러 부인이 칼을 들고 자기 딸의 팔을 고쳐 내라며 케플러 부인의 뒤를 쫓았다. 할러 부인과 라인볼트 부인은 케플러 부인을 고소해 압박을 가하고자 했다.

케플러 부인은 집행관 앞에서 조사를 받았다. 아인호른은 소녀의 팔에 난 타박상을 검사했다. 자신의 친구이던 이발사이자 외과의사와 사적인 상담을 한 다음, 아인호른은 고압적인 태도로 공식적인 입장을 밝혔다. "그것은 마녀의 손자국이오. 흉터 자국과 정확히 일치합니다."

이 대목에서 케플러 부인은 매우 어리석은 짓을 저질렀다. 그녀는 집행관 아인호른에게 다가가 은으로 만든 술잔을 줄 터이니 사건은 모두 잊고 자신의 법정 소송과 관련된 증거 수집을 위해 애써 달라는 제안을 한 것이다. 그것이야말로 지난번 케플러 부인 협박 사건에서 자신이 한 역할이 공개되기를 꺼려 하던 아인호른이 바라마지 않던 바였다.

그는 부인의 재판을 연기하고 '마녀의 약물'과 '마녀의 손자국' 혐의에 뇌물 공여 혐의를 추가하여 슈투트가르트 고등 종교 평의회로 사건을 올려 보냈다. 평의회에서는 그녀를 당장 체포해 심문함은 물론 특히 그녀의 혐의와 신앙관에 대해서 "철두철미하게 검증할 것"을 명령하는 답변을 내려 보냈다. 마녀재판을 위한 사전 준비 단계였다.

슈투트가르트에서 체포 명령이 떨어졌을 즈음에 이르러 케플러 부인은 안전한 곳을 찾아 황급히 몸을 피했다. 일단은 호이마텐에 있는 딸네 집으로 피신했으나 다시 케플러가 있는 린츠 시로 옮겨 그곳에서 1616년 말에서 1617년 10월까지 머물렀다.

사태가 역전되었다는 소식을 접한 케플러는 자신이 어머니의 재판을 직접 챙기기로 했다. 그는 즉시, 레온베르크에서 어머니를 위해 일할 변호사를, 그리고 튀빙겐과 슈투트가르트에서 자신을 위해 일할 변호사를 고용했다. 그는 뷔르템베르크 공작의 부법관에게 서면을 통해 재판 과정에서 레온베르크의 집행관이 저지른 공정하지 못한 태도와 본분에 어긋한 행동을 소상히 전했다. 한편, 자신의 어머니가 사법 관할 영역을 벗어난 것은 양심에 떳떳치 못한 일을 저질렀기 때문이라는 이야기는 헛소문에 불과하며 결코 사실이 아니라는 점도 분명히 밝혔다.

법정에서의 불리한 상황

1617년 가을 케플러는 어머니를 모시고 레온베르크의

집으로 돌아왔다. 어머니를 민사 소송에 출석시키고자 한 것이었으나 일은 뜻대로 되지 않았다. 라인볼트 쪽에서 먼저 선수를 쳤던 것이다. 라인볼트 쪽의 법적 대응으로 소송은 연기됐다. 아마도 슈투트가르트 궁정에서 일하는 이발사이자 외과의사의 입김이 작용한 결과였을 것이다. 그러나 적어도 케플러 부인으로부터 관심을 돌려놓을 수는 있었다. 그녀를 체포하고 심문하는 일은 일어나지 않았다. 일단 한숨을 돌린 케플러는 문제 해결을 잠시 미루고 1618년 초 린츠로 돌아갔다. 일은 아주 더디게 진행됐다.

다음 해 여름, 케플러는 과거 같은 반 친구였던 크리스토프 베솔트에게서 편지를 받았다. 그는 당시 튀빙겐 대학 법학부 소속으로 아마도 튀빙겐에서 케플러의 변호사 역할을 해 주던 인물이었을 것이다. 그는 사태의 추이가 좋지 않다고 경고했다. 라인볼트 일가와 집행관이 어머니를 마녀 혐의로 형사 고발함으로써 어머니의 민사 소송에 맞대응할 계략을 꾸미고 있으며, 그럴 경우 사건의 성격은 전혀 달라질 수도 있다는 것이었다. 그의 경고는 빗나가지 않았다.

1619년 10월 라인볼트 일가는 케플러 부인을 상대로 맞소송을 제기했다. 그녀가 지어 준 '마녀의 약물'을 먹고 라인볼트 부인이 독극물 피해를 당했으니 1,000플로린을 배상하라는 민사 소송을 제기한 것이다. 그들은 케플러 부인이 마녀라는 사실을 증명함으로써 그 반사이익으로 자신들에게 걸린 명예훼손 사건에서 유리한 입장이 될 수 있었다.

케플러 부인을 상대로 49가지 고소 조항을 담은 고소장은 케플러 부인이 사실은 마녀였다는 악소문을 타고 쏟아져 나온 악담만으로도 얼마든지 성립 가능할 정도였다. 사람들은 모두 케플러 부인과의 으스스하고 이상했던 만남을 기억하고 있는 것 같았다.

그것 말고도 애완동물과 집안 가축을 죽인 책임, 송아지를 못살게 굴어 죽인 일, 소녀를 유혹해 마법을 건 일, 다른 사람 몸에 손도 대지 않고 이상한 병에 걸리게 한 일, 닫힌 문을 통과한 일, 요람에 누운 아이에게 저주를 걸어 죽인 일, 무덤 파는 일꾼에게 그녀의 아버지 묘에서 두개골을 꺼내 오게 한 다음 그것을 은으로 장식해 수학자인 아들을 위해 술잔을 만든 일, 그 모두가 케플러 부인의 소행이라 생각되는 일들이었다. 그중 마지막 고소 내용만큼은 사실이었다. 그녀는 변론에 나섰다. 어느 강론에서 죽은 친척의 두개골로 잔을 만드는 고대 관습에 대해 들은 적이 있었다는 것이다.

법정에서의 상황은 더욱 불리하게 돌아갔다. 집정관은 라인볼트 일가 편이었고, 라인볼트 대 케플러 사건에 대한 증언은 아주 신속하게 진행됐다. 1619년 11월, 서른 명 혹은 마흔 명에 달하는 증인들이 법정 출석을 요구받았고, 그들의 증언은 두꺼운 책 몇 권 분량에 달했다.

어머니가 감옥에 갇히다

1620년 7월 라인볼트 일가는 공작을 통해 자신들의 고소를 형사 사건화하는 데 성공했다. 고등 종교 평의회는 카타리나 케플러를 체포해 심문함은 물론, 필요하다면 고문을 가해도 좋다는 명령을 내렸다.

1620년 8월 7일 카타리나 케플러의 체포 작전은 소란을 피할 목적으로 조용한 밤 시간대에 이루어졌다. 잠을 자다 체포된 그녀는 꽁꽁 묶여 커다란 상자에 감금되어 호이마텐에서 다른 곳으로 이송됐다.

갑작스러운 사태 반전에 케플러 일가는 망연자실했다. 크리스토프 케플러와 마르가레테의 남편 게오르크 빈더는 모든 것을 단념하고 케플러 부인의 운명에 실낱같은 희망을 걸기로 했다. 그러나 그들은 너무나 많은 것을 잃어야 했다.

젊은 크리스토프는 사람들에게 창피스러워 견딜 수가 없었다. 어머니에 대한 레온베르크 법원의 마녀재판을 코앞에서 지켜보는 것보다도 그것이 더욱 견디기 힘들었다. 그는 재판 장소를 귀글린겐으로 옮기는 데 성공했다. 게오르크 빈더는 교회 목사라는 자신의 지위를 생각해야 했던 것이다.

마지막까지 희망을 버리지 않은 사람은 마르가레테 단 한 사람뿐이었던 것 같다. 그녀는 케플러에게 어머니가 오빠의 도움을 필요로 한다는 편지를 급히 써 보냈다. 케플러는 린츠에서 뷔르템베르크 공작에게 자신이 도착할 때까지 어머니의 재판을 미뤄 달라는 편지를 보냈다. 그는 아들로서 어머니를 돕는 것은 "하느님께서 주신 자신의 천부적 권리"라고 여겼다. 재판은 5주에서 6주 정도 연기되었고, 1620년 9월 26일 케플러는 감옥에서 어머니를 만났다.

일흔네 살의 불쌍한 노인네가 쇠사슬에 몸이 묶여 있었다. 어리둥절한 모습이었다. 감시인 두 명도 그녀 자신의 주머니를 털어 고용해야 했고, 마찬가지로 재판이 연기된 동안 감옥에서 생활하는 비용도 그녀 자신이 직접 부담해야 했다. 그런 사실을 통해 라인볼트 일가의 노골적인 탐욕의 대상이 무엇인지가 밝혀졌다. 라인볼트 일가가 소송을 제기한 데는 또 다른 이유가 있었던 것이다. 평소에도 그들은 케플러 부인의 재산에 눈독을 들이고 있었다.

그들은 일찌감치 케플러 부인의 재산 현황에 대해 조사를 요청하는 탄원서를 제출했다. 이제 케플러 부인을 감시하는 대가로 돈을 받는 감시꾼 두 명은 마녀 화형식을 집행하기 위해 장작을 아낌없이 사 모으고 있는 중이었고, 그들에게 들어가는 비용으로 케플러 부인은 재산을 모두 탕진할 위험에 처할 것이다. 그러면 라인볼트 부인이 "신의 자비로운 이름으로" 피고 케플러 부인의 돈을 보호하겠다고 탄원서를 넣을 것이었다.

어머니가 구두 고문에 처해지다

케플러는 어머니의 변호 비용을 떠맡았다. 케플러의 출현이 미친 영향력에 대해 재미난 재판 기록이 남아 있다. 기록에 따르면 "죄인은 자신의 아들인 수학자 요하네스 케플러의 도움을 받는 것에 대해 몹시 유감스러워하는 기색이 역력했다"는 것이다.

케플러는 어머니의 변호사 요하네스 루에프에게 그동안의 변론 내용을 전부 다 문서화하라고 지시했다. 절차상 시간도 오래 걸리고 돈도 많이 드는 일이었지만 긍정적인 결과를 낳는 경우가 더 많다는 조언을 들은 바 있었기 때문이다. 그 말을 믿기 어려웠던 동생 크리스토프는 쓸데없이 돈을 낭비한다고 케플러를 핀잔했다.

10월 2일 케플러와 루에프는 변론 문서를 제출했다. 허를 찔렸음을 직감한 귀글린겐 법원 집행관은 공작의 법률 고문으로 국가 관료이던 히에로니무스 가베코퍼에게 문서를 회부했다.

1621년 새로운 목격자들이 증언을 했다. 5월 피고 측에서는 추가로 다시 한 번 변론 문서를 제출했다. 그 시점에서 케플러는 공작령의 수도 슈투트가르트를 방문해 변호사와 최종 변론을 검토했다. 그들은 변론을 125페이지짜리 문서로 완성했다. 짧지만 모든 혐의를 깨끗하게 물리칠 내용이었다. 변호사에게서 법률적인 도움을 받기는 했지만 내용의 상당 부분은 케플러가 직접 작업한 것이었다.

사태가 다시 역전돼 균형을 이루게 된 데는 케플러의 출현과 어머니를 위한 변론 작성 작업이 결정적인 역할을 했던 것이다.

8월 22일 최종 변론이 제출됐다. 늘 그랬듯이 재판의 최종 결론을 위한 절차는 튀빙겐 대학 법학부에서 이루어졌다. 다행히 그곳에는 어느 정도 영향력을 행사할 수 있는 케플러의 아군인 크리스토프 베솔트가 있었다.

그러나 마녀 혐의를 벗기는 어려울 거라는 예상 정도는 할 수 있었을 것이고, 아무리 케플러와 베솔트가 안팎에서 최선을 다했다고는 하지만 무죄 판결까지 이끌어 내기에는 역부족이었을 것이다. 법원에서 증거불충분 이상의 판결을 기대할 수는 없었다.

케플러 부인에게 다시 한 번 가장 가벼운 고문에 속하는 구두(口頭) 고문에 처한다는 판결이 나왔다.

어머니의 죽음

1621년 9월 20일 명령대로 판결 내용을 실행에 옮겼다. 케플러 부인은 항의했지만 그녀는 지정된 장소로 옮겨 고문을 받았다. 고문장에는 서기 한 사람과 법원 대리인 세 사람, 즉 집행관 아울버 일원이 입회했다. 아울버는 그녀에게 고문 기구들을 내보이며 엄청난 통증과 고통이 뒤따를 것이니 어서 이실직고하라고 준엄하게 명령했다. 그녀는 자신은 마녀와는 아무 관계가 없는 사람이라고 혐의를

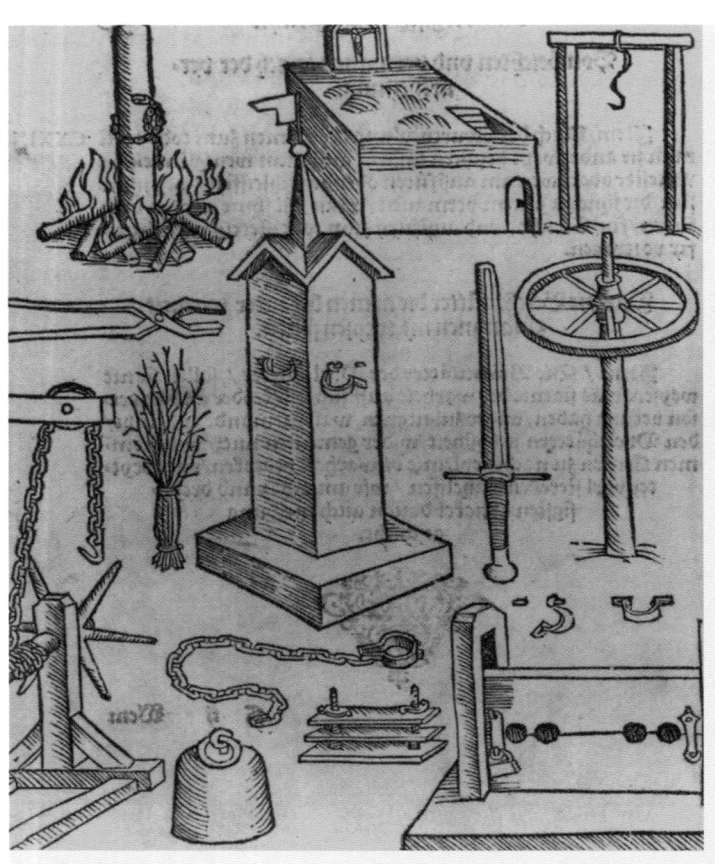

16세기 목판화에 나타난 마녀 고문용 표준 기구들. 스트라파도(아래 중앙, 쇠사슬로 양손을 뒤로 묶은 다음 공중에 매달았다 갑자기 떨어뜨리는 데 사용), 캐서린의 수레바퀴(오른쪽 중앙), 화형용 기둥(왼쪽 위). 최후 심문 단계에서 집행관들은 케플러의 어머니에게 고문 기구들을 보여 주며 고문에 처하겠다고 위협했다.

부인했다.

집행관은 당시의 상황을 이렇게 보고했다.

그녀는 당신 맘대로 다무 짓이든 어서 하라고 했다. 자기 정맥을 몸 밖으로 하나 둘씩 끄집어낸다 하더라도 자신에게서는 아무런 말도 들을 수 없을 것이라고 했다.

그러더니 그녀는 상반신을 수그려 주기도문을 외웠다. 자신이 마녀인지 악령인지 아니면 결백한지는 자신이 죽은 후 신께서 증명해 주시리라 외쳤다. 만약 자신이 죽는다면 하느님께서는 진리가 빛을 발했음을 아시고 자신이 불의와 폭력을 당했음을 밝혀 주실 것이며, 하느님께서는 자신에게서 성령을 거두지 않으실 것이며 오히려 자신과 늘 함께해 주실 것을 안다고 말했다.

고문의 위협 속에 행한 증언이 참고가 되어 그녀의 혐의는 기각됐다. 1621년 10월 3일 뷔르템베르크 공작은 케플러 부인을 석방하라는 명령을 내렸다. 미지불된 법정 비용 가운데 라인볼트는 재판 절차를 개시한 당사자이므로 10플로린을, 그리고 크리스토프 케플러는 재판 절차를 귀글린겐으로 옮겨 막대한 비용을 유발한 당사자이므로 30플로린을 지불하라고 명령했다.

그 후 6개월이 지난 1622년 4월 13일, 가혹한 시련으로 영혼에 상처를 입은 카트리나 케플러는 세상을 떠났다.

페르디난트 2세에 의해 제국 수학자로 공식 임명되다

어머니에 대한 심의가 끝나자마자 케플러는 린츠 시로 돌아왔다. 케플러가 린츠 시에 도착한 것은 1621년 12월, 도시는 자신이 떠날 때와는 많이 달라져 있었다. 그가 떠난 직후 프리드리히 5세와 보헤미아 반란군은 빌라호라 전투에서 일거에 섬멸당했다. 도나우 강 연안을 따라 보헤미아와 오스트리아 지역에서 일어난 개신교 혁명은 진압되었다.

여전히 도시를 점령 중이던 바이에른 군대의 힘을 등에 업고 페르디난트 2세는 자신이 20년 전 슈타이어마르크에서 실행한 반개혁 정책을 다시 한 번 무대에 올리고자 했다. 그러는 동안에도 그는 반란을 주도한 유력한 개신교 지도자들을 추격하고 있었다.

6월 27일 프라하에서 27명에 달하는 개신교 우두머리들이 사형을 당했다. 그중에는 케플러의 오랜 벗 예세니우스도 끼어 있었다. 그는 혀를 잘린 다음 사지가 찢겨 죽었다. 열두 명의 머리가 창에 꽂혀 교탑에 전시됐다. 머리는 썩어 문드러져 떨어질 때까지 10년간 무언의 경고 표시로 그곳에 걸려 있었다.

린츠 시에는 그 정도 피바람은 휘몰아치지 않았다. 사형을 면한 사람 가운데 케플러의 호적수이던 다니엘 히슬러도 있었는데, 그는 투옥을 당했다.

케플러는 기이한 상황에 처했다. 그의 개신교 형제 교우

빌라호라 전투
보헤미아왕국의 수도인 프라하 서쪽 교외의 빌라호라 언덕에서 일어난 전투. 30년 전쟁의 발단이 된 보헤미아-팔츠전쟁(1618~1620)의 결전이며, 이 전투를 계기로 전화(戰火)가 전 유럽으로 확대되었다. 백산전투(白山戰鬪)라고도 한다.

보헤미아 혁명 지도자들의 머리가 창끝에 꽂혀 프라하에 있는 다리 교탑에 내걸렸다. 대중들에 대한 공개적인 경고의 표시였다.

들이 그를 거부했다는 것은 널리 알려진 사실이었다. 그들이 박해받는 상황에서도 케플러는 안전했다. 더군다나 『우주의 조화』 헌정사에서 프리드리히 5세의 장인 제임스 1세에 대한 존경을 공식적으로 밝혔던 그가 1년 전 갑자기 자취를 감추자 황제가 그의 목에 현상금을 내걸었다는 헛소문이 떠돌았다.

그런 상황에서 사라질 때 그랬던 것처럼 나타날 때도 그렇게 신출귀몰 나타나자 사람들은 깜짝 놀랐다. 깜짝 놀랄 일은 케플러에게도 일어났다. 그가 돌아오자마자 사실상 제일 먼저 그에게 일어난 일이, 페르디난트 2세가 그를 제국 수학자로 공식 임명한 일이었기 때문이다. 1621년 12월 30일의 일이었다.

『루돌프표』 편찬 마무리 작업

제국 수학자 케플러는, 그 이듬해 남은 개신교 목사와 교사에 대한 탄압 정책이 한창인 와중에서도 별다른 불안 없이 지낼 수 있었다. 몇 해 후 (과거 슈타이어마르크에서 그랬듯이) 나머지 모든 개신교 신자들이 가톨릭으로 개종할지 도시를 떠날지를 선택해야 하는 상황에서도 케플러만은 예외적으로 도시에 머물 수 있었다. 물론 그의 출판업자 플랑크 역시 자신에게 필요한 숙련공들과 함께 도시에 머물 수 있었다.

1622년경이 되면서 오랜 기간에 걸친 케플러의 『루돌프표』편찬 작업도 마무리 단계에 접어들었다. 많은 천문학자들은 이제 때가 되었다고 생각했다. 그들은 『우주의 조화』 혹은 『우주의 신비』 제2판 같은 저술 작업은 티코 브라헤의 관측 자료를 토대로 새로운 천문학표를 편찬하는 케플러의 '위대한' 작업에 방해가 되는 일이라고 생각했다. 그들에게 케플러는 대답했다. "제게 수학 계산이라는 지루한 형벌을 가하지 마십시오. 제게 철학적 사색에 잠길 여유를 주세요. 그것이 저의 유일한 즐거움이랍니다."

그러나 1623년 말에 이르러 케플러는 출산의 고통에서 벗어나는 듯한 기분을 만끽했다. "나는 티코 브라헤를 아버지라 생각하고 『루돌프표』를 받아들여 지난 22년 동안 내 안에 품고, 마치 어머니 배 속의 태아처럼 조금씩 조금씩 자라는 그것을 오늘날까지 키워 왔다. 지금 나는 출산의 고통으로 몸부림치고 있다."

그 몸부림은 표를 출판하기에 적당한 장소를 찾는 몸부림이었다. 오랜 세월 합스부르크 왕가에서 후원한 끝에 완성한 천문학적 성과였다. 따라서 오스트리아에서 출간해야 마땅하다는 페르디난트 2세의 반응은 지극히 정상적이고도 중요한 반응이었다. 울름은 평화로운 곳이었고 노련한 출판업자들도 많았지만 페르디난트 2세는 케플러가 그곳에서 책을 출판하는 것을 허락하지 않았다.

돈도 문제였다. 케플러는 열 달에 걸쳐 빈에 있는 황제의 금고를 시작으로 자신에게 제국의 배당금을 건네줄 도시를 찾아 다방면으로 헤매고 다녔지만 일이 뜻대로 풀리지 않았다. 그것은 애초부터 허망한 꿈이었다.

제국 수학자의 신분으로 강압적인 종교 개종에서 벗어나다

 1625년 가을 케플러는 다시 린츠 시로 돌아왔다. 여행을 통해 얻은 성과는 미미했다. 그에게는 다른 대안이 없었다. 프랑크를 찾아가는 수밖에 없었다. 그는 프랑크의 마음을 떠보았다. 제국의 천문학표인 『루돌프표』를 출간하는 영예로운 일을 어떻게 하면 성사시킬 수 있을지를 알아보았다. 그러나 그들이 일에 착수하기도 전에 린츠 시에서는 시민 소요 사태가 발생했다.

 1625년 10월 10일 페르디난트 2세 정부는 결단을 내렸다. 인정사정 보지 않고 반개신교 정책을 추진하기로 한 것이다. 슈타이어마르크에서 실행했던 탄압 방식이 린츠 시에서도 비슷하게 되풀이됐다. 지난번에 있었던 교사와 목사 추방은 효력을 발생하는 데 시간이 걸렸다. 사형에 처하겠다는 위협이 이번에도 반복됐다.

 그 다음은 역시 강압적인 종교 개종이었다. 개신교도들의 신앙생활은 금지됐다. 반개신교 정책은 1626년 부활절까지 모든 시민은 가톨릭으로 개종하든가 아니면 도시를 떠나든가 양자택일을 하라는 명령에 이르러 절정으로 치달았다.

 제국 수학자였던 케플러는 그 모든 조치에서 예외였다.

케플러가 겪은 불편은 단 하나, 가톨릭 개혁 위원회에서 이단적인 책이 포함되어 있다는 이유로 그의 개인 서재를 폐쇄 조치한 것이 전부였다. 예수회 소속으로 케플러의 친구이던 파울 굴딘이 책을 빌려 달라고 했을 때에도, 케플러는 자기 서재에 들어갈 수 없어 불가능하다고 말해야 했다.

1626년 봄 북부 오스트리아의 상황은 한계점에 달했다. 5,000명에 달하는 바이에른 군대가 여전히 린츠 시를 점령하고 있었다. 막시밀리안은 페르디난트 2세에게 보헤미아 반란을 진압하는 데 도움을 준 대가를 요구했고 페르디난트 2세는 자신이 진 빚에 대한 담보로 린츠 시를 제공했던 것이다.

『루돌프표』를 출판할 새로운 장소를 찾다

바이에른인들은 빚에서 발생하는 이자 대신, 북부 오스트리아에서 세금을 거두어들였다. 바이에른인들 입장에서 보면, 페르디난트 2세가 강압적인 가톨릭 개종 정책을 시행할 수 있는 것도 다 자신들이 주둔해 그 지역을 장악하고 있기 때문에 가능한 일이었다. 그러나 그 결과 바이에른 점령군은 위험할 정도로 불안정한 처지에 놓이게 되었다.

1626년 5월 15일 북부 오스트리아의 여러 교구들을 가톨릭으로 되돌려 놓았던 이탈리아 사제들의 간섭에 격분해 바이에른 당국 지도자는 17명을 무작위로 골라 즉결 사형에 처했다. 농민 봉기가 일어났고 농민들은 바이에른과 페르디난트 2세의 군대를 북부 오스트리아 밖으로 몰아내는 데 거의 성공했다.

농민들은 스스로 대규모 군대를 조직해 북부 오스트리아 지역을 돌아다니며 방화와 약탈을 일삼았다. 1626년 6월 24일 농민군은 북부 오스트리아의 수도 린츠 시를 포위했다. 케플러는 친구에게 "신의 가호와 천사들의 보호로 포위 속에서도 나는 무사할 수 있었네"라는 내용의 편지를 썼다.

그러나 황제의 군대가 도착하기만을 기다리며 성벽 뒤에서 지내야 했던 두 달은 모진 시련기였다. 케플러의 집은 도시 성벽의 일부였다. 따라서 군사들이 상주하며 밤낮 가리지 않고 수시로 집안을 들락날락하는 바람에 그는 도무지 집중을 할 수가 없었다.

설상가상으로 6월 30일 도시 포위를 개시한 직후, 농민군들은 도시 외곽에 불을 지르기 시작했다. 불이 사방으로 번졌으나 다행스럽게도 케플러가 오랜 세월 작업한 『루돌프표』 원고는 어떤 손상도 입지 않았다. 그러나 프랑크의 인쇄기가 불에 타 못쓰게 됐다. 인쇄기도 망가진 마당에 더 이상 린츠에 머물 이유가 없었다. 케플러가 14년간 머물렀던 평화로운 안식처 린츠 시는 이제 위험하고 혼란한 도시로 바뀌어 있었다.

8월에 포위가 풀렸다. 그는 황제에게 다른 곳으로 거처를 옮기려 하니 허락해 달라는 편지를 썼다. 11월 20일에 이르러 케플러는 가족들을 배에 태우고 도나우 강을 거슬러 올라갔다. 그는 『루돌프표』를 출판할 새로운 장소를 찾고 있었다.

6

세 황제를 모신 제국 수학자

『루돌프표』(1627)의 권두 삽화. 『루돌프표』 완성에 다양한 천문학자들이 기여했음을 묘사하고 있다. 중앙에서 티코 브라헤(오른팔을 올리고 있는 사람)와 코페르니쿠스(앉아 있는 사람)가 티코 체계의 뛰어남에 대해 이야기를 나누고 있다. 케플러는 건물 왼쪽 하단부 패널화에 있다.

비바람이 휘몰아치고 배가 난파될 위급한 상황에 처하더라도, 영원의 심연 깊은 곳을 향해 평화로이 학문의 닻을 내리는 것만큼 고귀한 일은 없을 것이다.

야콥 바르트쉬에게 보내는 편지 중에서(1628년 11월 6일)

추위가 한창 기승을 부리는 12월은 이사하기에 적당한 때가 아니었지만 케플러에게 그런 것은 중요치 않았다. 그에게는 오로지 불안한 린츠 시에서 멀리 떠나 『루돌프표』 출판 작업을 진행해야겠다는 생각뿐이었다. 케플러 가족을 태운 배는 도나우 강을 거슬러 올라가 멀리 레겐스부르크에 이르러 멈췄다. 강물이 얼어 더 이상은 갈 수가 없었던 것이다. 이제 케플러 가족에게 레겐스부르크는 친숙한 피난처였다. 따라서 케플러는 그곳에 가족들의 거처를 마련하고, 자신은 마차에 『루돌프표』 원고와 인쇄에 필요한 활자들을 싣고 홀로 울름으로 향했다.

티고 브라헤에게 바치는 헌사

1626년 12월 10일 울름에 도착한 케플러는 요나스 사우르의 인쇄소 맞은편 거리에 숙소를 잡았다. 인쇄소와 수시로 접촉하려면 가까운 거리가 필수적이었다. 케플러가 완성한 원고는 538페이지로 수많은 표가 들어 있는 복잡한 원고였다. 그러므로 저자 자신이 전 과정을 곁에서 직접 확인할 수 있어야 했다.

재료 역시 모든 준비가 완료된 상태였다. 자신의 체불 봉급을 받고자 여러 도시를 돌아다닌 지난해 여행은 헛걸음으로 끝났지만, 그 과정에서 케플러는 메밍겐과 켐프텐에 종이 두루마리 네 개를 주문했다. 케플러 딴에는 황제가 그 두 도시에 케플러를 위해 종이 대금을 지불하라는 서면 명령을 내리면 그것으로 종이 대금을 치를 수 있겠다고 예상했을 테지만 결과는 그렇지가 못했다.

종이 값은 결국 케플러 주머니에서 나갔다. 울름에서라면『루돌프표』출간이 가능하리라 기대하면서 케플러는 원고를 직접 들고 울름을 찾았던 것이다. 그가 들고 온 것은 원고가 전부가 아니었다. 숫자와 천문 기호 활자도 있었다. 모두『루돌프표』인쇄를 위해 자신이 직접 주문 제작한 활자들이었다.

비용 문제로 몸살을 앓기는 했지만『루돌프표』출판 작업은 일사천리로 진행됐다. 케플러는 1627년 가을 프랑크푸르트 도서전에 맞춰 책을 완성하기로 마음먹었다. 그는 표의 배치와 구성을 관리 감독하고 페이지가 인쇄되어 나오는 대로 교정을 보고 교열을 했다. 오류가 있어서는 안 되었다. 그는 표에 완벽을 기하고자 했다. 천문학자로서 자신의 학문 경력의 결정판이자 티코 브라헤와의 공동 연구의 결정판이므로 절대 부족함이 없는 작품이어야 했기 때문이다.

그러나 아직 세부적으로 해결해야 할 문제들이 남아 있었다.『루돌프표』에는 브라헤의 유가족들이 황제들에게 바치는 헌사가 필요했다. 그러나 케플러는 브라헤의 관측일지에 대해 아직 지불해야 할 대금이 남아 있었으므로, 관측일지에 대한 소유권은 여전히 브라헤의 유족들이 갖고 있었다.

케플러는 그들에게 현재 『루돌프표』가 인쇄 중이라는 사실을 알렸다. 티코 브라헤가 시작한 작업이었고 티코 브라헤가 평생을 걸쳐 축적한 자료가 있었기에 가능한 표였다. 따라서 케플러는 책 속표지에 티코 브라헤를 "천문학자들의 불사조"라 칭하며 그를 책의 주 저자로 올리기로 했다.

『루돌프표』 전체를 완성한 사람은 케플러 자신이었음에도 케플러는 티코에게 아낌없이 그와 같은 영예를 돌렸다. 어떤 방식으로도 티코의 공을 가로채지 않고자 했던 것이다.

『루돌프표』의 권두 삽화

그와 더불어 케플러는 『루돌프표』에 자신의 저서로서는 처음으로 권두 삽화를 넣기로 했다. 16세기와 17세기 책의 특징이기도 했던 권두 삽화는 상징과 의미가 가득 담긴 멋진 판화 작품이었다. 케플러는 쉬카르트를 시켜 자신이 원하는 그림을 스케치하도록 한 다음, 그것을 티코의 유가족들에게 보내 허락을 구했다.

최종적으로 모습을 드러낸 권두 삽화에서는, 천문학을 관장하는 여신인 우라니아의 신전을 표현하고 있었다. 지붕을 떠받친 12개의 기둥은 천문학의 발전을 의미했다. 기둥 가운데 뒤편에 유일하게 거칠게 깎아 놓은 통나무 기둥에는 바빌로니아 천문학자가 서 있다. 그는 자신의 손가락에만 의지해 하늘을 관측하고 있다. 그와 같은 고대 바빌로니아인들의 천문 관측에 뿌리를 두고 천문학은 발전해 왔음을 상징하는 그림이었다.

건물 정면에서 좌우로 약간 떨어진 곳에는 히파르코스와 프톨레마이오스를 배치했다. 그들의 기둥은 벽돌 기둥으로, 그것이 의미하는 바는 고대 그리스 시대 천문학의 진보였다. 코페르니쿠스의 기둥은 이오니아식 기둥이었고, 티코 브라헤의 화려한 코린트식 기둥에는 티코가 개발한 섬세하고 정밀한 관측기구들을 걸어 놓았다.

신전 중앙에서는 코페르니쿠스와 티코 브라헤가 태양 중심설과 티코의 새로운 우주 체계의 뛰어남에 대해 담소를 나누고 있다. 담소 도중 티코는 손을 들어 자신의 우주 체계가 묘사된 건물 천장을 가리키며 묻는다. "저런 방식은 어떻습니까?"

신전 지붕 둘레에는 케플러가 학문적 업적에 기여한 요소들을 의인화해 배치했다. 오른편으로는, 나침반 바늘을 든 마그네티카(자기, 磁氣)와 저울과 지렛대를 든 스타트미카(법칙, 法則)가 있다. 그들은 천체 물리학을 상징했다. 천체 물리학은 케플러가 이룬 천문학 이론 개혁의 원동력이었다.

그리고 케플러를 도운 또 다른 조력자로 수학이 빠질 리

히파르코스
(?~BC 125?)
그리스의 천문학자. 니케아에서 출생하여 로도스 섬에서 활동하였다. 태양과 달의 운행표 및 세계 최초의 항성 목록을 작성하였으며, 춘분점의 이동을 발견하고 삼각법(三角法)을 창시하였다. 저서는 남아 있지 않으나 그의 연구 업적은 프톨레마이오스의 저서 『알마게스트』에 수록되어 후세 천문학의 기초를 구축하였다.

이오니아식
고대 그리스에서 발달한 건축 양식. 아테네 전성기 때에 이오니아 지방에서 발생하여 1세기가량 성행하였는데 우아하고 경쾌한 것이 특징이다.

코린트식
기원전 6세기부터 기원전 5세기경 그리스의 코린트에서 발달한 건축 양식. 화려하고 섬세하며, 기둥 머리에 아칸서스 잎을 조각한 것이 특징이다.

없었다. 게오메트리카(기하, 幾何)와 로가리드미카(로그, log). 그중 로가리드미카가 쓴 후광의 절반은 자연로그(2.718······으로 이어지는 무리수 e를 밑수로 하는 로그)였다. 왼편으로는 천문학의 광학적 측면과 관련해 의인화한 인물들이 있다. 그들 중 한 명은 최근 발명된 망원경을 들고 있다. 그리고 지붕 맨 위에 날개를 펼친 독수리가 황제의 왕관을 쓰고 부리에서 동전을 떨어뜨리고 있다. 그 독수리는 『루돌프표』 작업에 재정적 도움을 준 합스부르크 왕가 황제 세 명을 상징했다.

권두 삽화에는 새롭게 추가한 그림들도 있었다. 케플러와는 늘 사이가 불편하던 티코 유가족들에게 보낸 스케치 그림에는 없던 그림들이었다. 사람들 발 아래 신전 하단부에 서로 다른 광경을 그린 패널화를 추가했던 것이다.

예를 들어 가운데 패널화에는 티코가 우라니보르그 천문대를 세운 벤 섬의 지도를 그렸다. 그 왼편에는 케플러 자신을 그렸다. 자신이 출간한 저서 『우주의 신비』, 『천문학의 광학적 측면』, 『화성 이론에 대한 주석』(즉 『신천문학』), 『코페르니쿠스 천문학 개요』의 제목을 적은 현수막 아래 책상에 앉아 독자들을 바라보는 모습이었다. 촛불을 밝히고 연구 중인 케플러는 책상보에 숫자들을 끼적거리고 있다.

책상에는 과제물이 놓여 있다. 신전 지붕 모형이었다. 케플러는 『루돌프표』와 관련해 자신의 역할을 미묘하지만 명쾌하게 밝히고 있는 것이다. 케플러의 작업에 기초를 제

『루돌프표』 권두 삽화의 세부 그림. 케플러를 위대한 업적을 완성한 설계자이자 건축가로 묘사하고 있다. 케플러가 곁에 촛불을 켜 놓고 연구 중이다. 그의 앞에는 권두 삽화 위에 그린 신전 건물 모형이 놓여 있다. 휘장에는 그의 주요 저서 제목이 적혀 있다. 합스부르크가의 상징인 독수리가 책상에 동전 몇 푼을 떨어뜨려 놓았다.

공한 인물들은 케플러 머리 위쪽에 명예로운 자리를 차지하고 있다. 그러나 『루돌프표』라는 건축물을 설계하고 완성한 사람은 다름 아닌 케플러 자신이었다.

그리고 그것은 뛰어난 성취였다. 그 표를 이용하면 과거와 미래 천년에 걸쳐 어떤 행성이 언제 어디에 위치하는지를 계산할 수 있었다. 유럽 역사에서 명실상부하게 새로운 행성표라고 할 만한 것은 케플러의 것을 포함해 단 3개에 불과했다. 프톨레마이오스의 것과 코페르니쿠스의 것이 있었지만 그것들은 모두 들쭉날쭉 오차가 있었다. 그러나 케플러의 『루돌프표』는 정밀도가 50여 배나 향상되었다.

몇 년 지나지 않아 수성의 태양면 통과 시점 역시 정확한 예측이 가능했다. 그 결과 인류 역사상 최초로 수성의 태양면 통과를 관측하는 것도 가능했다. 케플러 표의 정밀도를 직접 눈으로 확인하는 순간이었다.

물론 이론적인 측면에서는 더 어려웠다. 무엇보다 로그를 활용해 계산한 표였기 때문이다. 로그는 당시로서는 등장한 지 몇 년 안 된 최신 수학 이론이었다. 따라서 케플러는 책 내용 대부분을 표 사용법에 대한 설명에 할애했다. 지구상 주요 도시의 위도와 경도를 표시한 지리적 정보는 물론 1,000개에 달하는 별들의 위치를 표시한 티코의 항성 목록 역시 잊지 않고 수록했다.

1627년 9월 『루돌프표』 인쇄 작업이 완료됐다. 그리고 9월 15일 케플러는 책을 들고 프랑크푸르트 가을 도서전으로 향했다. 케플러는 상호 합의한 가격에 출판업자 고트 프리트 탐파히에게 책의 위탁 판매를 맡겼지만, 판매에 대해 케플러는 비관적이었다. 그는 "수학 전문서가 으레 그랬듯이 구매자는 얼마 없을 것이다. 더군다나 지금 같은 혼란기에는"이라고 기록했다.

새로운 황제의 신임을 받는 알브레히트 발렌슈타인 장군

12월에 이르러 케플러는 레겐스부르크에서 가족들과 재회했다. 『루돌프표』 출간 때문에 가족들과 헤어진 지 거의 1년 만의 일이었다. 수 개월간 케플러는 『루돌프표』 완성 이후 무엇을 할 것인지에 대해 고민했다.

그해 여름, 북부 오스트리아의 모든 비가톨릭 공직자들을 해임한다는 황제의 칙령이 연이어 발표됐다. 그동안 케플러는 많은 경우 그와 같은 조치에서 예외였지만 『루돌프표』가 완성된 마당에 과연 이번에도 그럴 수 있을까? 케플러의 생각에도 일리가 있었다. 이번에는 정말 황제가 자신을 해고할지도 모를 일이었다.

성탄절 직후 케플러는 일말의 불안감을 안고 황제에게 직접 『루돌프표』를 선보이기 위해 황궁으로 향했다. 케플러가 도착한 황궁은 들뜬 분위기였다. 페르디난트 2세의 기발하고 끊임없는 외교적 수완과 더불어 전장에서 거둔 대대적 승리 덕분에 개신교 반란은 완전히 진압됐다. 가톨릭 측의 승리를 최종적으로 확인하는 뜻에서 그는 황궁을 프라하로 옮겼고, 그곳에서 자기 아들의 보헤미아 국왕 취임식을 지켜봤다.

황제는 자신의 새로운 총신인 알브레히트 발렌슈타인 장군의 치하를 아끼지 않았다. 발렌슈타인은 루터파 신자로 태어나 교육받았지만 1606년 가톨릭으로 개종함으로써 출세가도를 달렸다. 그 결과 모라비아에 광대한 토지를 소유한 늙은 과부와 결혼까지 한 인물이었다. 그렇게 새로 얻은 재산을 그는 적절히 활용했다. 1619년에서 1621년까지 이어진 보헤미아 반란 진압에 나선 페르디난트 2세에게 자금을 지원했던 것이다.

그의 신중한 돈 불리기 전략은 적중했다. 반란 진압 이후 그는 개신교도 귀족들이 추방당하거나 사형당해 임자 잃은 영지 60곳을 사들였다. 그뿐만이 아니다. 그는 곧 보헤미아 영토의 4분의 1에 해당하는 북서부 지역 대부분을 집어삼켰다. 그런 막강한 재력을 바탕으로 그는 전쟁을 금전적 투기의 장으로 삼았다.

페르디난트 2세의 총애를 받던 그는 제국의 재정에 아무런 부담도 주지 않으면서 2만 4,000에 달하는 제국 군대를 모집했다. 정복한 땅에서 물자를 노략질하고 세금과 공납을 거두어들여 군사들에게 봉급을 지급하는, 자급자족형 군대였다. 그와 같은 30년 전쟁 당시의 대세에 힘입어 발렌슈타인의 군대는 곧 10만 대군으로 급성장했다. 바이에른 주 막시밀리안 공작의 군사적 지원에 더 이상 의존하기 싫었던 페르디난트 2세는 발렌슈타인을 제국 군대 총사령관에 임명했고, 곧이어 그에게 프리틀란트 공작 작위를 수

여했다.

 발렌슈타인은 장군으로서도 대단한 성공을 거두었다. 그는 가톨릭 연맹군 사령관 폰 틸리 백작과 연합해 1620년대 중반에서 후반까지 개신교도들의 숱한 공세를 물리쳤다. 그중에서 가장 혁혁한 공은 북쪽 덴마크의 개신교도 국왕 크리스티안 4세의 침입을 무찌른 일이었다.

 1627년 케플러가 제국 황궁에 도착했을 당시 황궁에서는 덴마크 국왕을 상대로 완승을 거둔 발렌슈타인에 대한 찬사가 한창이었다. 크리스티안 4세를 독일 영토에서 내모는 데서 그치지 않고 여세를 몰아 아예 덴마크 유틀란트 반도까지 몰아붙였던 것이다. 그에 대한 보상으로 발렌슈타인 장군은 바로 슐레지엔의 자간 공국은 물론 그 후에는 메클렌부르크 공작령을 받았다.

황제의 가톨릭 개종 명령

 린츠 시절 불행한 사태를 경험했던 케플러는 황궁에서 자신이 환영받지 못하리라 예상했다. 그러나 그것은 기우였다. 프라하 황궁의 많은 사람들이 자신에게 호의와 존경을 표시하는 데 케플러는 깜짝 놀랐다. 물론 그중 일부는 케플러가 과거 프라하에 머물던 시절 옛 친구들과 지인들이었다. 그러나 사리 분명한 개신교 신자들은 한 명도 남아 있지 않았다. 페르디난트 2세가 제국을 지배함에 따라 개신교도들은 황궁에 발을 붙일 수 없는 처지였기 때문이다.

덴마크 국왕 크리스티안 4세를 물리친 알브레히트 발렌슈타인 공작을 맞이하는 신성로마제국 황궁의 광경. 발렌슈타인은 대단한 성공을 거둔 인물이었으나 자신의 권력으로 인해 위기에 처하게 된다.

황제는 케플러를 정중하게 맞이하며 『루돌프표』에 대해 만족감을 표시했다. 지난여름 황제의 칙령으로 자신은 이미 해직된 것으로 알고 있었다는 케플러의 말을 들은 황제는 껄껄 너털웃음을 터뜨렸다. 해직은커녕 황제는 25년간 『루돌프표』를 위해 애쓴 대가로 케플러에게 4,000플로린을 하사했다. 제국 수학자 10년치 봉급에 해당하는 금액이었다.

물론 케플러는 황제의 하사금은 실제로 수령하기 전까지는 알 수 없는 노릇임을 알고 있었다. 그동안 밀린 봉급 1만 2,000플로린도 언제 받을지 알 수 없는 일이었다. 만약 케플러가 밀린 봉급을 지급해 달라고 하면 어떻게 될까? 그랬어도 그가 제국 수학자 직을 유지할 수 있었을까?

그러나 황제 페르디난트 2세는 한 가지 전제 조건을 달았다. 앞으로 케플러가 합스부르크 왕가 영토에서 계속해서 일을 하려면 가톨릭으로 개종해야 한다는 조건을 분명히 하며, 황제는 예수회 소속 파울 굴딘에게 케플러 개종 임무를 맡겼다. 개종이라니, 어림도 없는 소리였다. 케플러를 개종시키겠다는 굴딘의 계획은 실패했다.

케플러에게 다른 대안이 없는 것도 아니었다. 현재 발렌슈타인 장군이 다스리는 지역이라면 케플러는 가톨릭으로 개종하지 않고도 제국의 공직자로 일할 수 있었다. 발렌슈타인은 자신이 서로 다른 신앙 사이의 평화로운 공존을 믿는다고 밝힌 바 있었다. 케플러가 전적으로 공감하던 신앙관이었다.

그뿐만이 아니었다. 발렌슈타인이 다스리는 슐레지엔의 자간 공국에서는 여전히 개신교도들의 공개적인 신앙생활을 허락하고 있었다.

발렌슈타인과의 오랜 인연

케플러와 발렌슈타인의 인연은 20년 전으로 거슬러 올라간다. 1608년 케플러는 어느 이름 모를 귀족에게 황도 12궁도 별점을 봐 준 적이 있다. 그의 출생 정보를 기초로 케플러는 "민첩하고, 명민하며, 근면하고, 평범한 일에 한눈팔지 않으며, 자신의 목표를 향해 용맹 정진"할, 그런 인물이라고 점괘를 풀었다. 그러나 그것이 전부는 아니었다.

"또한 영광에 대단히 목말라하고 현세의 명예와 권력을 탐식할 것이며 그 결과 스스로 공개적·비공개적 적들을 숱하게 만들 것이나, 그 모든 적들을 대부분 극복하고 정복할 것이다." 비밀리에 별점을 의뢰한 인물인 발렌슈타인에게 딱 들어맞는 점괘였다.

그리고 16년이 흘렀다. 30년 전쟁이 시작된 후, 바로 그 "현세의 명예와 권력"을 자기 것으로 만들기 시작한 발렌슈타인은 케플러에게 과거 별점 기록을 돌려주며 다시 한 번 정확하게 점을 봐 달라고 요구했다. 새로 별점을 보던 케플러는 1634년에서 멈칫했다. 그해 '무시무시한 흉조'가 들어 있었기 때문이다. 우연의 일치였을까. 1634년은 훗날 발렌슈타인이 살해당한 해였다.

케플러를 채용함으로써 야심만만한 장군 발렌슈타인은 당대 최첨단 기술인 점성술 자문이라는 실리를 취하고자 했다. 케플러는 고위 정치권의 실력가와 군사적 실력가에 대한 점성술 자문에 도사린 위험성을 오래전부터 인식하고 있었다. 그런 그가 이 자리를 맡을 리가 없었다.

케플러와 발렌슈타인 사이에는 아마도 모종의 타협이 있었을 것이다. 케플러는 이제 행성 운동 분야에서 이론의 여지가 없는 대가였다. 따라서 케플러는 행성 위치 정보만 제공하고 그 해석은 발렌슈타인의 개인 점성술사 기안바티스타 제노가 담당하도록 했을 것이다.

또한 케플러는 발렌슈타인에게 대외적인 선전 수단이기도 했다. 연전연승을 거둔 결과 공작의 군대는 나날이 불어났다.

발렌슈타인은 케플러의 학문 연구를 지원함으로써 자신이 위대한 장군일 뿐만 아니라, 학문과 과학을 아끼는 교양 있는 후원자임을 대외적으로 과시하고자 한 것이다. 실제로 훗날 발렌슈타인은 케플러를 자신이 새로이 획득한 로스토크 시로 보내고자 했다. 케플러의 존재를 통해 그곳 대학의 위상을 끌어올리려고 했던 것이다.

1628년 2월 대략적인 계약 내용에 대해서는 협의가 이루어졌고 4월에 가서 최종 합의가 이루어졌다. 케플러는 자간에 집과 인쇄소를 제공받기로 했다. 1년 연봉은 1,000플로린으로, 후한 편이었다. 업무 내용은 명시되지 않았지만 업무 부담은 최소화하기로 했다.

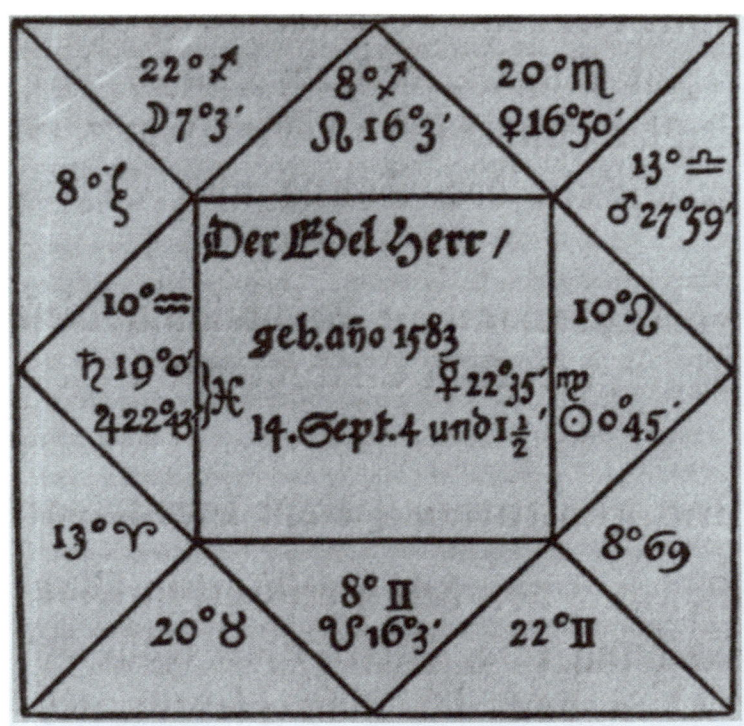

1608년 발렌슈타인의 별점을 치기 위해 케플러가 준비한 황도 12궁도. 가운데 사각형을 중심으로 점성술의 12궁을 상징하는 12개의 삼각형이 배치되어 있다. 그중 제1궁(왼쪽)은 일명 성위(星位), 가장 중요한 궁이었다. 출생 시각 떠오른 별들을 포함하고 있었기 때문이다. 제1궁에는 목성과 토성 기호가 포함되어 있다. 목성과 토성은 발렌슈타인의 성격에 중요한 영향을 미친 지배성이었다.

그와 더불어 황제 페르디난트 2세는 한 가지 '요청'을 덧붙였다. 케플러가 제국 국고에서 수령해야 할 1만 1,817 플로린 문제는 발렌슈타인이 알아서 직접 해결하도록 하라는 것이었다.

과거 케플러는 제국 도시들을 돌며 지급 명령서를 제시했지만 도시들은 지급을 거절한 바 있었다. 그 지급 명령서는 사실상 부도 수표나 다름없었기 때문이다. 그런 문제를 해결하기에는 역시 발렌슈타인 같은 전사가 제격이었다.

일자리 문제, 그리고 발렌슈타인에게 위임된 자신의 체불 봉급 수령 문제와 관련해 1628년 여름 당시 케플러의 미래는 이제 발렌슈타인 손에 달려 있었다. 그것은 부인할 수 없는 사실이었다.

개종을 거부한 개신교도들에게 추방령이 떨어지다

5월 케플러는 레겐스브르크에 있는 가족들에게 돌아갔다. 가족들을 프라하로 보낸 한편 케플러 자신은 마지막으로 린츠 시를 한 번 더 방문했다. 그곳에서도 역시 케플러는 환대를 받았다. 그뿐만이 아니었다. 케플러는 『루돌프 표』를 기증한 보답으로 200플로린을 받았다. 케플러로서는 기대하지도 않은 후한 선물이었다. 린츠 시는 최근 있었던 전쟁으로 피해를 입은 지역이었기 때문이다.

케플러는 도시를 떠난 후 있었던 일을 설명했다. 발렌슈타인과 새롭게 계약을 맺었다는 사실도 잊지 않았다. 그는 린츠 시에 계약 종료를 요청했다. 시에서 케플러의 요청을 수락하자 그는 즉시 북쪽 프라하로 길을 떠나 가족들과 합류했다.

그는 가족들과 함께 북쪽 자간으로 향했다. 7월 20일, 그들은 자간에 도착했다.

자간은 케플러에게 결코 편안한 곳이 아니었다. 케플러는 그곳 지역민들의 사투리 심한 독일어를 거의 알아들을 수가 없었다. 케플러가 쓰는 독일어를 그곳 주민들은 야만인 언어로 취급했다. 게다가 자간에는 지적 문화라고 할 만한 것도 없었다. 따라서 그곳에서 케플러는 사실상 무명인사에 불과했다.

케플러 생각에 자신은 물 잃은 물고기 신세였다. 그와 같은 복합적인 원인으로 케플러는 심한 고독감에 빠졌다. 그런 불편한 심사에 무료함까지 겹쳤다. 약속된 인쇄기는 감감무소식이었다. 자간에 온 지 1년이 넘도록 인쇄기는 모습을 드러내지 않았다.

그러는 사이 케플러는 협의를 통해 근처 괴를리츠에 있는 인쇄기를 이용하기로 했다. 그러나 자신이 직접 수작업으로 활자를 고르고 판형을 짜는 식자 작업을 담당해야 했다. 1630년 초에 이르러서야 겨우 케플러의 개인 출판 업무를 전담할 식자공과 인쇄기가 도착했다.

거의 상상하기 힘들 만큼 가슴 아픈 사건이 등장할 차례였는지 얄궂게도 케플러가 자간에 도착한 시기는 자간에서 반개혁 정책이 개시된 시기와 맞물렸다. 자간은 배타적인 개신교 지역이었고, 발렌슈타인은 서로 다른 신앙의 공존에 대한 믿음을 표방했지만 페르디난트 2세의 신하라는 정치적 현실을 무시할 수는 없었다. 그 역시 황제의 요구에 따를 수밖에 없었다. 그와 같이 대규모로 강행된 폭력적 개종 요구에 쓰라린 아픔과 격렬한 분노가 뒤따랐음은 말할 것도 없다.

케플러는 반개혁 정책이 어떤 순서로 진행될지 잘 알고 있었다. 개신교 학교들은 예수회에서 세운 학교로 넘어갔다. 예수회 학교는 단 한 곳뿐이었고 목적도 단 하나였다. '이단' 서적 압수라는 특수한 목적을 수행하기 위한 곳이었다.

개신교도들의 신앙생활은 금지됐다. 마지막으로 개종을 거부하는 개신교도들에게는 추방령이 떨어졌다. 케플러는 이번에도 예외였다.

그러나 세 번째 겪는 반개혁 정책이었다. 그 끔찍한 고통에서 그리고 자유로울 수가 없었다.

케플러는 서신 왕래를 통해 고독감과 고립감을 달래고자 했다. 상대는 주로 튀빙겐에 있는 빌헬름 쉬카르트와 스트라스부르에 있는 막역한 친구 마티아스 베르네거였다. 그와 같은 외부 세계와의 연결망이 더욱 중요해진 계기는 마티아스 때문이었다. 그가 케플러의 딸 수산나의 혼사 문제에 적극적인 중매인으로 나선 것이다.

딸 수산나의 결혼

사위 후보감은 야콥 바르타쉬로, 수학과 의학을 공부하고 있는 젊은 학자였다. 그는 케플러가 자신의 한평생과 막대한 돈, 그 외의 많은 것을 바쳐 완성한 작품에 대한 조사를 기초로 『역표천문력』(한 개 또는 여러 개 행성의 위치를 알려주는 표)을 출간함으로써 일찍이 케플러의 주목을 받았던 젊은이였다.

결혼 계획은 대부분 케플러, 베르네거, 마티아스 사이의 서신 왕래를 통해 이루어졌다. 사실 바르타쉬는 수산나를 만나기 전부터 이미 그녀에게 청혼하기로 마음먹고 있었다. 그러나 케플러는 그를 축복하면서도 한마디 덧붙이는 것을 잊지 않았다. 수산나가 결혼에 동의해야 한다는 사실이었다.

이제 결혼식만 남겨 두었을 무렵, 케플러는 결혼식을 올릴 가장 좋은 장소로 스트라스부르를 선택했다. 그러나 케플러에게는 너무 먼 곳이었으므로 베르네거가 케플러를 대신해 수산나 아버지의 역할을 맡기로 했다. 케플러는 그날의 축제와 같은 결혼식에 대한 설명을 베르네거의 들뜬 편지를 통해서나마 들을 수 있었다.

1630년 3월 12일 오후, 결혼식은 축복 속에 거행됐다. 그날 아침 바르타쉬가 의사 학위를 받은 후였다. 케플러의 남동생 크리스토프, 여동생 마르가레테, 아들 루드비히 등 모두 빠짐없이 참석했다. 신부 들러리들에게 둘러싸인 천

1630년, 케플러의 딸 수산나와 결혼한 야콥 바르타쉬. 그는 케플러의 『루돌프표』를 기초로 『역표천문력』을 출간한 최초의 인물이었다.

문학자 케플러의 딸 수산나는 "마치 작은 별들 사이에서 활짝 빛나는 달님 같았다"고 베르네거가 설명했다. 수많은 인파가 거리에 줄지어 섰고 스트라스부르의 사회 지도급 인사들이 결혼식 행렬에 동참했다.

베르네거는 케플러에게 꼭 알려 주어야 한다고 생각했던 말을 전했다. "그건 말이야, 다름 아닌 바로 자네에 대한 존경의 표시였다네."

그날 스트라스부르에서 열린 성대한 결혼식에 케플러가 몸소 참석할 수 없었던 데는 거리가 멀고 나이도 어느새 쉰아홉에 이르렀다는 이유 말고도 또 다른 이유가 있었다.

당시 케플러의 아내 수산나는 임신 8개월째였다. 그리고 다음 달 4월 18일 수산나는 딸을 낳았다. 이름은 안나 마리아, 유아 시절 죽은 두 아이를 포함해 그녀의 일곱 번째 딸이었다.

이제 그녀에게는 다 자란 의붓딸 둘과 자신이 낳은 아이 다섯이 있었다.

소설 『꿈』의 탄생

4월 초 케플러에게는 몇 주간 발렌슈타인과 상의할 일이 생겼다. 게다가 산후 조리 중인 아내를 돌봐야 했으므로 인쇄소에는 들를 겨를이 없었다. 그가 자리를 비운 상태에서 다음 작업인 『역표천문력』의 인쇄 작업은 진행할 수가 없었다. 그것들은 한꺼번에 일괄 처리해야 하는 작업이었다. 따라서 케플러는 직원들에게 새로운 작업을 지시했다. 달에 대한 책이었다. 제목은 '꿈'이었다.

『꿈』은 케플러가 이기 25년도 넘게 튀빙겐 대학교 학생 시절부터 착수한 오랜 숙원 사업이었다. 잘 알려져 있다시피 케플러는 이미 대학 시절부터 코페르니쿠스의 태양 중심설이 옳다고 확신하고 있었다.

그러나 지구가 움직이는데 우리가 느낄 수 없다니, 도저히 상상할 수 없는 일이라 여기던 사람들에게 이를 설득하기란 쉬운 일이 아니었다. 경험적인 관찰로는 참, 거짓을 가릴 수 없다는 사실을 분명히 하기 위해 1593년, 케플러는 달에 사는 존재들이 바라본 하늘은 어떨지를 상상하며 수필을 한 편 썼다.

수필을 보관 중이던 케플러는 훗날 프라하에서 그것을 공상과학 소설로 발전시켰다. 황궁에 있던 동료 학자들도 좋아할 만한, 중의적인 의미와 암시로 가득 찬 소설이었다. 그 수필이 바로, 어머니에 대한 마녀 재판의 책임 일부는 자신에게도 있다고 자책하게 만든 문제의 수필이었다.

어머니가 풀려나자 케플러는 소설에 대한 세간의 험담에 정면 대응하기로 했다. 그는 소설에 자세한 주석을 달아 공식 출판하기로 마음먹었다. 이야기의 맥락을 무시하고 단장취의해 의미를 부풀리다니. 그는 사람들이 얼마나 어리석은 짓을 저질렀는지 공개적으로 밝히고자 했던 것이다.

주석을 달자 소설의 길이는 금세 늘어났다. 10년 후 본

JOANNIS KEPPLERI
Somnium, sive Astronomia Lunaris.

CUm anno 1608. ferverent dissidia inter fratres Imp. Rudolphum et Matthiam Archiducem; eorumque actiones vulgo ad exempla referrent, ex historia Bohemica petita; ego publica vulgi curiositate excitus, ad Bohemica legenda animum appuli. Cumque incidissem in historiam Libussæ Virginis, arte Magica celebratissimæ: factum quadam nocte, vt post contemplationem siderum et Lunæ, lecto compositus, altius obdormiscerem: atque mihi per somnum visus sum librum ex Nundinis allatum perlegere, cuius hic erat tenor:

Mihi[1] Duracoto nomen est, patria [2] Islandia, quam veteres Thulen dixère:[3] mater erat Fiolxhildis, quæ[4] nuper mortua, scribendi mihi peperit licentiam, cujus rei cupiditate pridē arsi.[5] Dum viveret, hoc diligenter egit, ne scriberem. Dicebat enim, multos esse perniciosos osores artium,[6] qui quod præ hebetudine mentis non capiunt, id calumnientur;[7] legesq́; figant injuriosas humano generi;[8] quibus sanè legibus non pauci damnati,[9] Heclæ voraginibus fuerint absorpti.[10] Quod nomen esset patri meo, ipsa nunquam dixit,[11] piscatorem fuisse, & centum quinquaginta annorum senem

A   deces-

케플러의 마지막 저서인 단편 공상과학 소설 『꿈』. 그러나 책의 인쇄 작업은 케플러 사후에도 완료되지 못했다.

문 28페이지에, 50페이지에 달하는 주석과 도해를 단 소설이 탄생했다.

최초의 공상과학 소설

케플러의 소설 『꿈』은 동심원적 구조를 취한 소설이었다. 제1 화자는 케플러 자신이었다. 별과 달을 관측하기 위해 길을 떠난 그는 깊은 잠에 빠진다. 꿈속에서 그는 책을 읽는다.

책의 시작은 다음과 같았다. "내 이름은 두라코투스. 고향은 아이슬란드, 고대인들이 툴레라 부르던 땅. 우리 어머니는 피오륵스힐데……." (그 몇 줄에 불과한 부분에 케플러는 각주 3개를 달아 놓았다. 각주의 분량만도 한 페이지 반에 달했다.)

소설의 제2 화자는 어머니 피오륵스힐데였다. 지혜로운 여인으로, 약초를 채집하고 불가사의한 의례를 주관하던 그녀는 아이슬란드 뱃사람들에게 신비한 바람 부적을 팔았다. 아들 두라코투스가 안을 훔쳐보는 바람에 부적 한 장을 망치자 그녀는 아들을 선장에게 팔아 버린다. 선장은 그를 티코 브라헤의 영지인 벤 섬으로 데려간다. 그는 그곳에서 천문학을 배우다 5년이 흘러 마침내 집으로 돌아온다.

자신의 잘못을 뉘우친 어머니는 새로운 천문학 지식을 익히고 돌아온 아들을 반갑게 맞이한다. 어머니는 말한다.

그가 책을 통해 배운 것을 그녀는 점잖고 선량한 악령을 통해 배웠노라고. 달에 대해서라면 달에 사는 주민들이 알고 있을 터이니, 어머니는 악령을 불러 아들에게 "레바니아"에 대해 알려 주기로 한다. 십자로에서 만난 어머니와 아들은 머리에 외투를 뒤집어쓴다. 어머니가 주문을 외우자 악령의 날카롭고 알 수 없는 목소리가 들려온다.

이제 소설의 제3 화자인 악령이 등장해 두라코투스에게 달에서는 천체가 어떻게 보이는지를 일러 준다. 케플러가 생각하던 그대로였다.

하루하루 일어나는 현상이 지구와는 완전히 달랐다. 지구의 하루는 24시간으로, 그동안 달은 하늘을 한 바퀴 일주한다. 그렇게 지구에서 바라본 하늘을 24시간에 한 바퀴 일주하면서 달은 한 달 주기로, 신월에서 보름달로 보름달에서 다시 신월로 모습을 바꾸며 지구를 공전한다.

그러나 달에서 바라본 하늘은 다르다. 달의 한쪽 면은 항상 지구를 마주 보고 있으므로, 케플러가 묘사했듯 달의 하늘에 지구는 "하늘에 못 박아 놓은 것처럼" 항상 같은 자리에 매달려 있다. 달에서 바라보면 지구는 같은 자리에 붙박인 채 24시간에 한 번씩 자전하는 것이다.

케플러는 달에 사는 주민들에게 '볼바'라는 이름을 붙였다. 그들의 하루는 달의 위상 변화 주기와 일치한다. 즉 그들에게는 하루가 자그마치 한 달 동안이나 지속되는 것이다.

물론 달은 한쪽 면만 지구를 향하고 있으므로 남은 반쪽은 항상 얼굴을 숨기고 있다. 따라서 케플러는 지구에서 가까운 달의 정면을 수브볼바(볼바 치하, 볼바가 지배하는 곳), 지구에서 먼 달의 뒷면을 프리볼바(볼바의 힘이 미치지 않는 곳)라 명명했다.

달에 온화한 중간 기후 지대란 없었다. 볼바들이 사는 지역은 길고 뜨거운 낮 아니면 길고 추운 밤 둘 중 하나였다. 수브볼바 지역에는 문명이 뿌리를 내리고 있었지만 프리볼바 지역은 굶주린 추랑민들이 떼 지어 몰려다니는 황무지였다.

불행히도 케플러는 달에 사는 외계 생명체들에 대해 많은 이야기를 하지는 않았다. 그는 철저하게 달에서 바라본 하늘의 모습이라는 천문학적인 목적에 충실하고자 했을 뿐, 그 영역을 확장해 문학 작품으로 발전시키려는 의도는 애초에 없었기 때문이다.

소설이 달에 사는 생명체라는 비현실적 존재에 대한 이야기로 빗나가려는 순간 잠에서 깨어난 그는 베개 밑에 머리를 파묻고는 악령을 부르던 꿈속의 의례 장면을 떠올리며 낄낄거린다.

우리에게 흥미로운 점은 『꿈』의 줄거리가 아니라 그 소설이 속한 문학 장르이다. 일부에서는 케플러가 과학 지식을 바탕으로 상상력을 동원해 다른 세계에 대해 섬세한 이야기를 구성했다는 점을 들어 케플러의 『꿈』을 공상과학 소설 역사에서 중요한 초기 작품이라 평가하기도 한다.

더욱 흥미로운 것은 케플러가 단 주석이다. 너무 긴 주석이 불쑥 끼어들어 이야기에 대한 몰입을 방해하기는 하지만, 케플러의 깊이 있는 통찰력을 보여 준다는 점에서 주석은 그 자체로도 대단히 흥미롭다. 예를 들어 그는 지구와 달 사이에 중력이 소멸하는 지점을 아주 정확히 설명했다.

레겐스부르크 회의에 참여하기 위해 길을 떠나다

케플러가 『역표천문력』 작업에 다시 참여하면서 『꿈』 인쇄 작업은 뒤로 밀렸다. 그러나 그가 업무차 출장을 떠나게 되면서 인쇄 작업은 재개됐다. 그런데 그의 자금 사정이 또다시 악화됐다.

첫째, 북부 오스트리아에서 투자하기로 한 3,500플로린이 1년이 지나도록 들어오지 않았다. 북부 오스트리아에서는 11월 11일 케플러가 린츠 시로 직접 찾아오면 이자를 지급하기로 약속했다.

둘째, 8월 발렌슈타인이 제국 군대 최고 사령관직에서 해임됐다. 신성로마제국 황제 페르디난트 2세는 제국 의회 소집 명령을 내리지 않았다. 그러나 그에게는 새 황제 선출권을 지닌 강력한 7선제후 국가의 지지가 필요했다.

1630년 여름 레겐스부르크에서 열린 선제후 회의에서 페르디난트 2세는, 막강한 권력을 지닌 발렌슈타인의 눈치를 살피던 7선제후들의 압력에 부딪혔다. 그들은 황제에게 발렌슈타인의 재임용을 요구했고 황제는 요구를 수

용했다.

발렌슈타인에게 의탁하고 있던 케플러에게 자신의 후원자 발렌슈타인의 명예 실추는 심각한 문제였다. 더군다나 그가 아직 황제에게서 받지 못한, 거의 1만 2,000플로린에 달하는 돈과 관련해서도 중요한 문제였다. 전략적으로도 레겐스부르크 7선제후 회의에 참석해 사태의 추이를 직접 지켜볼 필요가 있었을 것이다.

1630년 10월 8일 케플러는 길을 나섰다. 만일의 사태에 대비해 자신의 재산 관련 서류란 서류는 빠짐없이 지참했다. 그뿐만이 아니었다. 케플러는 배편을 이용해 어마어마한 양에 달하는 책을 먼저 라이프치히로 발송했다. 그중에는 1621년에서 1636년 사이의 『역표천문력』 57부도 포함되어 있었다. 케플러가 인쇄소 직원들과 함께 정신없이 일해 인쇄를 마친 책들이었다.

『루돌프표』 16부와 더불어 종류별로 정리한 책 73부도 발송했다. 그는 라이프치히 도서전에 들러 남은 재고 도서들을 처리하고자 했던 것이다.

인쇄 작업을 어서 마쳐야 한다는 압박감과, 7선제후 회의 결과에 따라 자신이 직면하게 될 상황에 대한 불안감 때문에 그의 마음은 피폐해졌다. 그가 말을 타고 도시를 떠나는 순간 가족들은 직감했다. 죽어서 심판의 날에나 다시 만날까, 그가 살아서 돌아오는 모습을 보기는 어려울 것이라는 사실을.

세 황제를 모신 천문학자 중의 천문학자

라이프치히 도서전 폐막 후 케플러는 마차부를 먼저 레겐스부르크로 보낸 다음 며칠 있다 길을 나섰다. 11월 2일 춥고 피곤하고 말안장에 살이 짓무른 상태에서 케플러는 늙고 느린 말을 타고 레겐스부르크로 통하는 석교(石橋)에 도착하자마자 11플로린에 말을 팔았다.

차가운 가을바람을 맞으며 여행한 것이 화근이 되어 병을 낳고 말았다. 처음에는 가벼운 병으로 알고 털고 일어날 수 있으리라 생각했지만 병은 갈수록 악화됐다. 고열이 그를 덮쳤고 그는 섬망 상태에 빠졌다. 의사가 왕진을 와 지혈을 했지만 병에 차도는 없었다. 마침내 신도들이 곁을 지키며 그를 위로했다.

며칠 동안 정신을 차렸다 잃었다 했지만 맑은 정신을 유지할 때면 그는 가톨릭과 개신교 사이의 화해를 위해 최선을 다했다는 뜻을 밝히려 애썼다. 악질적인 개신교 목사는 그것은 예수 그리스도와 사탄을 화해시키려는 발상이라고 대꾸했다.

마침내 그에게도 인생의 마지막 순간이 다가왔다. 구원받기를 바라는 분명한 이유가 무엇이냐는 질문에 그는 확신에 찬 어조로 답했다.

모든 피난과 위로와 구원의 근거이신 우리 구세주 예수 그리스도의 은총을 받기 위해서, 오로지 그것뿐입니다.

1630년 11월 15일 정오 그는 눈을 감았다.

장례를 마친 지 이틀 후 그는 레겐스부르크 성벽 외곽에 있는 성 베드로 개신고 묘지에 묻혔다. 그의 장례식에는 제국 최고의 명망가들이 참석했다. 레겐스부르크 선제후 회의를 위해 모인 인물들이었다.

목격자의 증언에 따르면 그날 저녁 하늘에서 불덩이들이 떨어졌다고 한다. 그와 같은 유성체들은 오늘날 우리들에게는 자연 현상에 불과하지만 케플러가 살던 시대에는 그런 현상이 초자연적인 징조였다. 그 당시 사람들은 아마도 그것을 하늘이 뿌리는 눈물이라고 생각했을 것이다.

요하네스 케플러가 마지막 안식을 취하고 있는 장소가 어디인지에 대해 우리는 아는 바가 없다. 그의 인생을 괴롭힌 종교 전쟁과 반목의 폭풍우는 그가 죽은 후에도 그를 평온히 쉴 수 있게 내버려두지 않았다.

몇 년도 지나지 않아 레겐스부르크는 스웨덴 군대에 포위·함락됐고, 이번에는 바이에른 군대와 제국 군대가 도시에서 쫓겨났다. 공격자 측 아니면 수비자 측에서 한 짓이겠지만 그 과정에서 교회 정원과 케플러의 무덤은 흔적도 없이 사라졌다.

케플러 무덤에 대한 기록은 그의 친구가 남긴 묘비석 스케치가 전부이다. 묘비석에는 세 황제를 모신 제국 수학자로서 그의 이력을 소개하며, 그를 천문학자 중의 천문학자로 기리고 있다. 더불어 케플러 자신이 남긴 다음과 같은 묘비명도 남아 있다.

천체를 측정하던 나,
이제 지구의 그림자를 측정한다.
나의 정신은 이미 천상에 있으니,
이제 내 육신의 그림자를 남기네.

레겐스부르크에 있었던 케플러 묘비석에 대한 기록으로는 그의 친구가 남긴 기록이 유일하다.

에필로그

케플러를 위하여

케플러의 행성 운동 법칙과 더불어 전례 없던 천체 물리학에 대한 언급은 당시 천문학계에서는 받아들이기 어려운 주장일 수밖에 없었다. 이유는 단 하나, 그럴 경우 발생하는 수학적 복잡함 때문이었다. 케플러의 생각은 그 시대에는 인정받기 힘든 것이었다. 그러나 마침내 행성 위치에 대한 예측 정밀도의 비약적인 향상으로 천문학자들은 케플러의 주장을 전적으로 믿고 따를 수밖에 없게 되었다. 케플러가 이룬 업적을 한눈에 알아본 천문학자들은 소수에 불과했다.

말년에 이르러 케플러는 두 가지 천문 현상의 발생을 예측했다. 얼마 안 있어 일어나게 될 그 현상은 이전에는 목격된 바 없던 사건이었다. 케플러의 수성 이론에 따르면 수성은 1631년 11월 7일 태양면을 통과할 예정이었다. (한 달 후 이번에는 금성이 태양면을 통과할 예정이었지만 유럽에서는 관측이 불가능했다.)

당시 천문학자들에게는 두 가지 새로운 관측 기술이 있었다. 하나는 망원경이었고, 다른 하나는 백지에 태양의 상을 맺히게 하는 관측 기술이었다. 그 두 가지 방법을 이용해 1610년 초반 천문학자들은 태양의 흑점을 관측했다. 그리고 역사상 최초로 수성의 태양면 통과 현상 역시 관측

할 수 있었다.

자신의 예측 내용에 흥분한 케플러는 그 새로운 소식을 가능한 한 많은 사람들에게 알리고자 했다. 1629년 케플러는 8페이지 분량의 소책자를 발행했다. 제목은 〈1631년에 일어날 진귀하고 놀라운 현상, 즉 수성과 금성의 태양면 통과 사건에 대한 천문학자들과 천문학 애호가들을 위한 예보〉였다. 그 소책자에서 케플러는 발생 예정인 현상에 대한 예측과 더불어 관측 지침을 알려주고 있었다. 그러나 애석하게도 케플러는 자신이 예고한 전대미문의 사건을 목격하기도 전에 세상을 떠났다.

드디어 케플러가 예보한 1631년 11월 7일 천문학자들은 수성이 통과 예정인 태양을 향해 망원경을 돌렸다. 케플러의 예측은 아주 살짝 빗나갔다. 그러나 실제 통과 시각은 예정 시각에서 6시간을 벗어나지 않았다. "수성이 보였다." 프랑스에서 공개 서신을 보낸 피에르 가상디는 흥분을 감추지 못했다. "이제껏 그곳에서 수성을 본 사람은 없었다." 천문학자들은 이제 케플러의 행성 이론이 다른 학자의 것보다 적어도 20배 이상의 정밀도를 지니고 있다는 사실을 인정할 수밖에 없었다.

17세기 후반에 이르러서야, 아이작 뉴턴의 작업을 통해 케플러의 세 가지 법칙의 물리학적 필요성이 증명됐다. 뉴턴은 역학 법칙과 중력 법칙을 집대성해 그것을 기초로 태양계의 운동 방식을 전에 없이 완벽하게 설명하는 데 성공했다. 뉴턴은 관성 운동을 하는 천체가 중력의 영향에 의해, 케플러가 밝힌 세 가지 법칙에 따라 움직일 수밖에 없다는 사실을 증명했다. 그러나 뉴턴의 물리학과 케플러의 천체 물리학은 그 발상이 전혀 달랐다. 따라서 뉴턴은 어쩔 수 없이 케플러의 원리를 폐기할 수밖에 없었다.

케플러는 천재적 천문학자이자 근원적 발견을 이룬 인물로서 영원히 기억될 것이다. (행성 운동과 관련해 중요한 세 가지 법칙은 여전히 케플러의 이름과 함께한다.) 그러나 그것은 학자들이, 케플러가 그 복잡함을 탐구하기 시작한 과학적 사유 방식을 향해 관심의 초점을 돌렸을 때에야 비로소 가능한 일일 것이다.

연대기

1571년 12월 27일   독일 바일 시 출생.

1584~1588년   아델베르크 중등 신학교와 마울브론 고등 신학교에서 공부.

1589~1594년   튀빙겐 대학교에서 공부. 시험을 통해 학사 학위 취득(1588). 석사 학위 취득(1591). 3년간에 걸친 신학 공부 완성을 눈앞에 두고 부득이한 사정으로 중단.

1594년 4월   슈타이어마르크 주 그라츠 시에서 수학 교사와 지역 수학자로 근무.

1596~1597년 3월   튀빙겐에서 『우주의 신비』 출간.

1597년 4월 27일   바르바라 뮐러와 결혼.

1598년 9월 28일   슈타이어마르크 주에서 반개혁 정책 시작됨. 개신교 교사들과 목사들이 그라츠 시에서 추방됨. 약 한 달 후 케플러에게 도시 복귀 허가.

1600년 1월~6월   베나트키 성으로 티코 브라헤 방문. 티코 브라헤의 연구원으로 일함.

1600년 9월 30일   남은 개신교도들에게도 추방령이 떨어지자 살림살이를 챙겨 가족들과 함께 슈타이어마르크 주를 떠나 프라하로 이주.

1601년 10월 24일   티코 브라헤 사망. 이틀 후, 루돌프 2세가 티코 브라헤의 후임으로 케플러를 새 제국 수학자로 임명.

1604년	『천문학의 광학적 측면』 출간.
1605년	부활절 전후 화성의 타원 궤도 발견.
1609년	마침내 『신천문학』 출간.
1610년 3월	갈릴레오 갈릴레이가 망원경에 의한 새로운 천문학적 발견을 담은 『별의 사자』 출간. 케플러가 그에 대한 응답으로 5월 프라하에서 『별의 사자와 나눈 대화』 출간.
1611년 9월	망원경의 원리를 설명한 『굴절광학』 출간.
1611년 6월	아내 바르바라 케플러 사망.
1612년 1월 20일	신성로마제국 황제 루돌프 2세 사망. 마티아스 대공 새 황제로 취임.
1612년 5월	북부 오스트리아의 린츠 시로 이주. 주 수학자로 근무.
1613년 10월 30일	수산나 로이팅거와 재혼.
1615년 6월	린츠에서 『우주의 조화』 출간.
1617년 가을	린츠에서 『코페르니쿠스 천문학 개요』 제1권 출간.
1617년 가을~1618년 초	어머니와 함께 튀빙겐으로 돌아감. 어머니의 재판이 연기됨.
1618년 5월 15일	행성운동의 제3법칙 발견.
1618년 5월 23일	'프라하 창밖 투척 사건' 발생. 30년 전쟁 발발.
1619년	린츠에서 『포도주통의 신계량법』 출간.
1619년 3월 20일	신성로마제국 황제 마티아스 사망. 5개월 후 대공 페르디난트 2세가 새 황제로 취임.
1620년 초	린츠에서 『코페르니쿠스 천문학 개요』 제2권 출간.

1620년 8월 7일~ 1621년 8월	어머니 카타리나 케플러가 마녀 혐의로 구속. 어머니의 변호를 돕기 위해 튀빙겐으로 돌아감.
1621년 가을	프랑크푸르트에서 『코페르니쿠스 천문학 개요』의 마지막 권 출간.
1625년 10월	북부 오스트리아에서 반개혁 정책 시작됨.
1626년 11월	가족들과 함께 린츠 시를 떠남.
1626년 12월~ 1627년 9월	울름에서 『루돌프표』 출간.
1628년 6월	자간에서 발렌슈타인 장군의 개인 수학자로 근무. 넉 달 후 자간에서 반개혁 정책 시작됨.
1630년 11월 15일	레겐스부르크에서 열린 선제후 회의 방문길에 사망.

행성운동과 케플러

지은이 | 제임스 R. 뵐켈
옮긴이 | 박영준
초판 1쇄 발행 2006년 10월 31일
초판 2쇄 발행 2013년 7월 10일

펴낸곳 | 바다출판사
펴낸이 | 김인호
주소 | 서울시 마포구 서교동 401-1 신현빌딩 5층
전화 | 322-3885(편집부), 322-3575(마케팅부)
팩스 | 322-3858
E-mail | badabooks@gmail.com
출판등록일 | 1996년 5월 8일
등록번호 | 제10-1288호

ISBN 89-5561-327-X 03400
ISBN 89-5561-062-9(세트)